数控一代应用技术人才培养实用教程

数控一代应用技术

主　编　王海文
副主编　高党国　谢　荣
参　编　薛志成　朱　强　刘　永　杨　云
主　审　陶　涛

U0274753

西安电子科技大学出版社

内 容 简 介

本书以培养数控一代应用技术人才为依据,从推广应用的角度出发主要介绍了数控一代相关核心技术的应用。全书分为7章,包括数控一代概述、计算机数字控制装置、伺服系统、位置检测装置、缝制设备、包装印刷设备、齿轮磨削设备等。其中,缝制设备、包装印刷设备、齿轮磨削设备等3章重点介绍了数控一代技术在企业产品中的实际运用,具有一定的工程应用性。本书内容丰富,层次清晰,突出实践性、实用性和先进性。

本书可作为数控一代应用技术人才培训的指导用书,也可作为高等职业院校数控技术、机电一体化技术、数控设备应用与维护等相关专业的教学用书,还可作为数控技术行业的技术人员、操作人员、维修人员的参考用书。

图书在版编目(CIP)数据

数控一代应用技术/王海文主编. —西安:西安电子科技大学出版社,2018.2
ISBN 978 - 7 - 5606 - 4817 - 0

Ⅰ. ①数… Ⅱ. ①王… Ⅲ. ①数控技术 Ⅳ. ①TP273

中国版本图书馆 CIP 数据核字(2018)第 002504 号

策划编辑　李惠萍
责任编辑　杜萍　　阎彬
出版发行　西安电子科技大学出版社(西安市太白南路2号)
电　　话　(029)88242885　88201467　　　　邮　　编　710071
网　　址　www.xduph.com　　　　　　　　　电子邮箱　xdupfxb001@163.com
经　　销　新华书店
印刷单位　陕西华沐印刷科技有限责任公司
版　　次　2018年2月第1版　　　　　　　2018年2月第1次印刷
开　　本　787毫米×1092毫米　　1/16　　印张　12
字　　数　277千字
印　　数　2000册
定　　价　27.00元

ISBN 978 - 7 - 5606 - 4817 - 0/TP

XDUP　511900 1 - 1

数控一代应用技术人才培养实用教程

《数控一代应用技术》

编写委员会

名誉主任　梅雪松
主　　任　王海文
副 主 任　崔海龙　陶　涛　薛志成　朱　强　郝来成
委　　员　高党国　谢　荣　冀　峰　张东升　习大润　练大伟
　　　　　李永琦　刘　永　罗金刚　高晓松　马　军　郭群立
　　　　　杨　云　樊利军　李　梅

前 言
PREFACE

本书是"十二五"国家科技支撑计划先进制造领域重大项目"数控一代机械产品创新应用示范工程"(以下简称"数控一代"工程)的成果之一。"数控一代"工程的目的是把数控技术扩展到各行各业,包括纺织、印刷、包装、轻工、建材、塑机等。该工程是为了弥补我国传统机械设备的数字化短板,在"十二五"期间由科技部会同工信部、中国工程院等相关部门共同组织实施的。为了推广应用成果,帮助广大中小企业提高机械设备的数字化水平,推动我国制造业向数字化方向转变,我们会同相关人员组建了教材编写委员会,在编委会的指导下编写了本书。本书的编写意义基于以下三点:

(1)数控一代工程具有非常重要的战略意义和现实意义。我国经济发展正处于关键的转折点,必须依靠科学技术,大力发展自主创新,通过信息化和工业化的融合来发展高科技,以实现产业化。

(2)数控技术是数字化技术、信息技术在机械产品中的应用。数控一代工程是一次信息化革命,也是实现智能化的重要基础。

(3)数控一代工程是数控技术的应用推广工程,更是机械产品的创新工程。数控技术是典型的机电一体化技术,需要机械和电控方面的密切配合,并进行组织创新、集成创新、协同创新,通过先进适用的数控技术的推广、应用和再创新,为走向信息化和智能化奠定基础。

全书内容包含 7 章,由陕西省机械研究院教授级高工王海文担任主编。其中,王海文编写了第 1 章和第 2 章,陕西省机械研究院高党国编写了第 3 章,陕西省机械研究院谢荣编写了第 4 章,西安标准工业股份有限公司朱强、刘永编写了第 5 章,陕西北人印刷机械有限责任公司薛志成编写了第 6 章,西安秦川数控系统工程有限公司杨云编写了第 7 章。

本书由西安交通大学陶涛教授主审,他对本书编写提出了宝贵意见,在此表示衷心的感谢。

由于编者水平有限,加之数控一代技术发展迅速,书中难免存在不妥或疏漏之处,敬请读者不吝赐教。

编 者

2017 年 10 月

目录
CONTENTS

第1章 数控一代概述

1.1 数控一代的基本概念

当今，机械产品在工业发展中不断创新，数控技术已成为中国智能制造的巨大驱动力。数控技术是用数字信息技术对工作过程和机械运动进行控制的技术，数控装备是信息技术与机械技术深度融合的典型体现。所谓数控一代，就是将数控技术及产品（包括数控系统和驱动装置等）与各行各业的机械设备有机融合，实现机械设备的数字化控制，从而引发机械产品本身的内涵发生根本性变化，使产品的功能极大丰富，性能发生质的飞跃，并全面提升机械产品的质量水平和市场竞争力。综观全球实现产业结构调整和机械产品升级的历程，蒸汽机技术使机械工业由人力制作时代进入机械化时代，电气技术使机械工业由机械化时代进入电气化时代，数控技术正在使机械工业由电气化时代跃升为数字化时代，在可预见的将来，机械工业将由数字化时代进入智能化时代。可以看到，驱动和控制系统的创新具有鲜明的特征和本质的规律，可以普遍运用于各种机械产品的创新，可以引起机械产品的升级换代以及机械工业的深刻变革，这也是"数控一代"这个概念产生/出现的缘由和根据。

1.2 发展数控一代的重要意义

1. 机械产品创新是机械工业科学发展的关键

机械产业的发展是以科学发展为主题，并以加快转变经济发展方式为主线的。加快转变经济发展方式，必须加快推进产业结构的优化调整，其核心是产品的技术创新和升级换代。

经过多年的努力，中国的机械工业实现了历史性的跨越式发展，制造业生产总值成为世界第一，我国已经成为"制造大国"。但是，我国还不是"制造强国"，机械工业还没有摆脱粗放型、外延式发展的模式，核心技术和关键技术掌握得不多，自主创新的产品少，附加值不高，核心竞争力不强。综观世界制造业，中国制造既面临其他新兴发展中国家的低、中端竞争，又面临西方发达国家重振先进制造业的压力，在全球制造产业新的调整中既面临大好的发展机遇，又面临极为严峻的挑战。面临的挑战很多，主要问题有两个：产品质量问题和产品创新问题。因此，产品创新和产品质量应该成为今后一段时期内机械工程科技发展的主要方向。

应用数控技术实现我国机械产品的全面创新和升级换代是非常必要的，而且也是完全可能的，对于我国机械工业的科学发展具有重要的战略意义。

2. 数控化是全面创新机械产品的有效途径

机械产品的创新可以有多种途径,主要有两种方法:一是创新工作原理(或是工作装置);二是创新机械运动的驱动和控制系统。传统机械产品的构成包括动力装置、传动装置和工作装置。其中,工作装置的创新是根本性的,极为重要。千百年来,人们一直在不断创造各种新的机械,形成了适用于完成各种不同任务的成千上万的机械产品。数控化则是对于机械运动的驱动和控制系统的创新。

数控化是创新机械产品的有效途径,其核心的技术路线是用伺服电机驱动系统取代传统机械中的动力装置与传动装置,更重要的是用计算机控制系统对机械运动与工作过程进行控制。数控技术的核心是数字化,是先进的信息技术与自动控制、机械制造技术相结合的集成技术,是机械产品创新的使能技术。数控技术的应用引起机械产品本身的内涵发生了根本性的变化,使机械产品的功能极大丰富,性能发生质的变化,可以从根本上提高机械产品的水平和市场竞争力。

应用数控技术对机械产品进行创新具有以下显著特点:

(1)先进、有效,产品功能、性能、质量均有极大提高,同时,机械结构大大简化,节省能源和材料;

(2)由于实现了数字控制,从而为各种先进信息技术的进一步应用乃至将来实现的智能化奠定了基础;

(3)可行性强,创新方案与技术路线具体、明确,相关技术成熟、可靠;

(4)应用面广,适用于各行各业机械产品的全面创新。

3. 发展数控一代是中国机械产品升级换代的最佳机遇

当前,我国机械工业正处于产品数字化的发展时期,全世界的机械工业也正处于产品数字化的发展时期。由"电气一代"到"数控一代"是一场深刻的变革,必然要经过艰难的攀登过程。数控一代是中国机械产品升级换代和中国机械工业跨越式发展的最佳机遇,是中国智能制造水平提升的标志,其主要理由如下:

(1)需求强大。需求是最强大的发展动力。由于国民经济持续、快速发展,国际、国内市场的激烈竞争,数控机械产品的市场需求越来越旺盛,企业产品的创新积极性越来越高涨。我们现在面临的形势有两方面:一是要将数控技术应用于中、低端机械产品,以提升产品的市场竞争力;二是要开发高端数控机械产品,以满足经济、社会、国防等方面对数控产品日益提高的需求。

(2)技术支持。数控技术的落后是长期以来制约我国机械产品创新与质量的一个重要因素。经过多年来对数控技术的持续攻关,特别是由于电机技术、功率器件技术、控制技术、计算机技术的突破性进展,我国的数控产业已经基本形成,国产经济型数控系统已主导国内市场,中档数控系统已形成了产业规模,高档数控系统也已经掌握了关键技术。我国的数控技术已发展到了技术成熟、质量可靠的阶段,全面推广应用的条件已经成熟。

(3)应用示范带动。数控机械产品的创新需要掌握数控技术、机械设计与制造技术、产品领域知识等复合型知识结构的人才,这也是长期以来影响我国机械产品创新的一个重要原因。经过多年努力,人才队伍和应用示范方面已具备了良好的基础。

1.3 数控一代的核心技术

1.3.1 数控系统

数控系统是数字控制系统的简称，它是根据计算机存储器中存储的控制程序来执行部分或全部数值控制功能，并配有接口电路和伺服驱动装置的专用计算机系统。它通过利用数字、文字和符号组成的数字指令来实现一台或多台机械设备的动作控制，它所控制的通常是位置、角度、速度等机械量和开关量。数控系统早期是与计算机并行发展演化的，用于控制自动化加工设备。由电子管和继电器等硬件构成的具有计算能力的专用控制器的数控系统称为硬件数控。19 世纪 70 年代以后，分离的硬件电子元件逐步由集成度更高的计算机处理器代替，这种数控系统称为计算机数控系统。

目前世界上的数控系统种类繁多，形式各异，组成结构上都有各自的特点，这些结构特点来源于系统初始设计的基本要求和工程设计的思路。例如：对点位控制系统和连续轨迹控制系统就有截然不同的要求；对于 T 系统和 M 系统同样也有很大的区别，前者适用于回转体零件加工，后者适合于异形非回转体的零件加工。对于不同的生产厂家来说，基于历史发展的因素以及各自因地而异的复杂因素的影响，在设计思想上也各有千秋。例如，美国 Dynapath 系统采用小板结构，便于板子的自由更换和灵活结合，而日本 FANUC系统则趋向大板结构，可提高系统工作的可靠性，促使系统的平均无故障率不断提高。然而无论哪种系统，它们的基本原理和构成都是十分相似的。整个数控系统一般由三大部分组成，即控制系统、伺服系统和位置测量系统。控制系统按加工工件程序进行插补运算，发出控制指令到伺服驱动系统；伺服驱动系统将控制指令放大，由伺服电机驱动机械部件按要求运动；测量系统检测机械的运动位置或速度，并将其反馈到控制系统用来修正控制指令。这三部分有机结合，组成了完整的闭环控制的数控系统。

1.3.2 伺服驱动

伺服驱动技术作为数控机床、工业机器人及其他产业机械控制的关键技术之一，在国内外普遍受到关注。在 20 世纪最后 10 年间，微处理器（特别是数字信号处理器）技术、电力电子技术、网络技术、控制技术的发展为伺服驱动技术的进一步发展奠定了良好的基础。如果说 20 世纪 80 年代是交流伺服驱动技术取代直流伺服驱动技术的 10 年，那么，20世纪 90 年代则是伺服驱动系统实现全数字化、智能化、网络化的 10 年，这一点在一些工业发达国家表现得尤为明显。

无人化、规模化生产对加工设备提出了高速度、高精度、高效率的要求，交流伺服系统具有高响应、免维护（无碳刷、换向器等磨损元部件）、高可靠性等特点，正好适应了这一需求。例如，日本 FANUC 公司、三菱电机公司、安川电机公司，德国 Siemens 公司、AEG 公司、力士乐 Indramat 公司，美国 A. B 公司、GE 公司等均在 1984 年前后将交流伺服系统付诸实用。国内的交流伺服驱动技术起步较晚，到 20 世纪 80 年代末才有产品问世，如冶金部自动化研究院华腾公司的 ACS 系列、扬州 5308 厂引进 Siemens 公司的 610 系列，这些产品采用大功率晶体管模块（GTR），属于模拟伺服，从技术上填补了国内空白。

1.3.3 多轴联动

所谓多轴联动,是指在一台机床上的3个以上的坐标轴(包括直线坐标和旋转坐标)上同时进行加工,而且可在计算机数控(CNC)系统的控制下同时进行运动,例如,五轴联动横梁移动式高速龙门铣床、五轴联动龙门加工中心、五轴联动车铣复合中心、五轴联动立式叶片加工中心、五轴联动卧式加工中心、六轴五联动弧齿锥齿轮磨床等。多轴联动加工可以提高空间自由曲面的加工精度、质量和效率。现代数控加工正向高速化、高精度化、高智能化、高柔性化、高自动化和高可靠性方向发展,而多坐标轴数控机床正体现了这一点。

随着加工技术的不断发展和完善以及程序编写的日益简单,这在很大程度上减轻了工程师们在程序上的计算量,同时也减轻了机床操作者的工作量,提高了生产效率,降低了成本。多轴联动加工是现代机床的发展方向,体现了一个国家制造业水平的高低。

1.3.4 数控切削装备

作为制造技术的主要基础工艺,数控切削加工随着制造技术的发展,在20世纪末取得了很大的进步,进入了以发展高速切削、开发新的切削工艺和加工方法、提供成套技术为特征的发展新阶段。它是制造业中重要的工业部门,如汽车工业、航空航天工业、能源工业、军事工业和新兴的模具工业、电子工业等使用的主要加工技术,也是这些工业部门迅速发展的重要因素。当前以高速切削为代表的干切削、硬切削等新的切削工艺已经显示出很多的优点和强大的生命力,成为制造技术用于提高加工效率和质量、降低成本的主要途径。

发展高速切削等新的切削工艺、促进制造技术的发展是现代切削技术面临的新任务。当代的高速切削不是切削速度的少量提高,而是在制造技术全面进步和进一步创新的基础上,特别是在数控机床、刀具材料、涂层、刀具结构等技术重大进步的基础上,达到切削速度和进给速度的成倍提高,从而使制造业整体的切削、加工效率有显著的提高。

1.3.5 工业机器人

工业机器人是面向工业领域的多关节机械手或多自由度的机器人。工业机器人是自动执行工作的机器装置,是靠自身动力和控制能力来实现各种功能的一种机器。它可以接受人类的指挥,也可以按照预先编排的程序运行,现代的工业机器人还可以根据人工智能技术制定的原则纲领来行动。

工业机器人在工业生产中能代替人来做某些单调、频繁和重复的长时间作业,或是危险、恶劣环境下的作业。例如,在冲压、压力铸造、热处理、焊接、涂装、塑料制品成形、机械加工和简单装配等工序上,以及在原子能工业等部门中,工业机器人可完成对人体有害物料的搬运或工艺操作。

在发达国家中,工业机器人自动化生产线成套设备已成为自动化装备的主流机器人发展前景及未来的发展方向。国外的汽车行业、电子/电器行业、工程机械等行业已经大量使用工业机器人自动化生产线,以保证产品质量,提高生产效率,同时避免了大量的工伤事故。全球诸多国家近半个世纪的工业机器人的使用实践表明,工业机器人的普及是实现自动化生产、提高社会生产效率、推动企业和社会生产力发展的有效手段。

1.3.6　在线检测

所谓在线检测，就是直接安装在生产线上，通过软测量技术实时检测、实时反馈，以此来更好地指导生产，减少不必要的浪费。

过程工业常常伴随着物理反应、化学反应、生化反应、相变过程及物质和能量的转移与传递，它往往是一个十分复杂的工业大系统，其本身就存在大量的不确定性和非线性因素。它通常还伴随着十分苛刻的生产条件或环境，如高温、高压、低温、真空、高粉尘和高湿度，有时甚至存在易燃、易爆或有毒物质，生产的安全性要求较高。它强调生产过程的实时性、整体性，各生产装置间存在复杂的耦合、制约关系，要求从全局协调，以求整个生产装置运行平稳、高效。这种复杂的特性使得在工业过程中很难建立起准确的数学模型。

近年来，随着科学技术的迅猛发展和市场竞争的日益激烈，为了保证产品的质量和经济效益，先进控制和优化控制纷纷被应用于工业生产过程中。然而，不管是在先进控制策略的应用过程中，还是在对产品质量的直接控制过程中，一个最棘手的问题就是难以对产品的质量变量进行在线实时测量。受工艺、技术或者经济的限制，一些重要的过程参数和质量指标难以甚至无法通过硬件传感器实现在线检测。目前，生产过程中通常采用定时离线分析的方法，即每几小时采样一次，送化验室进行人工分析，然后根据分析值来指导生产。由于这种方法时间滞后大，因此远远不能满足在线控制的要求。

在线检测技术正是为了解决这类变量的实时测量和控制问题而逐渐发展起来的。在线检测技术根源于推理控制中的推理估计器，即采集某些容易测量的变量(也称二次变量或辅助变量)，并构造一个以这些易测变量为输入的数学模型来估计难测的主要变量(也称主导变量)，从而为过程控制、质量控制、过程管理与决策等提供支持，也为进一步实现质量控制和过程优化奠定基础。在线连续检测技术是现代流程工业和过程控制领域的关键技术之一，它的成功应用将极大地推动在线质量控制和各种先进控制策略的实施，使生产过程控制得更加理想，如浓度、黏度、分子量、转化率、比值、液位等质量参数都可以实现在线检测。

1.3.7　数控刀具

数控刀具是机械制造中用于切削加工的工具，又称切削工具。广义的切削工具既包括刀具，还包括磨具。数控刀具除切削用的刀片外，还包括刀杆和刀柄等附件。各种刀具的结构都由装夹部分和工作部分组成。整体结构刀具的装夹部分和工作部分都做在刀体上；镶齿结构刀具的工作部分(刀齿或刀片)则镶装在刀体上。

制造刀具的材料必须具有很高的高温硬度和耐磨性，必要的抗弯强度、冲击韧性和化学惰性，良好的工艺性(切削加工、锻造和热处理等)，并不易变形。在选择刀具的角度时，需要考虑多种因素的影响，如工件材料、刀具材料、加工性质(粗、精加工)等，必须根据具体情况合理选择。通常讲的刀具角度是指制造和测量用的标注角度。在实际工作时，由于刀具的安装位置不同和切削运动方向的改变，使得实际工作的角度和标注的角度有所不同，但通常相差很小。

1.3.8 PLC 技术

PLC 的全称为可编程逻辑控制器（Programmable Logic Controller），它采用一类可编程的存储器，用于其内部存储程序，执行逻辑运算、顺序控制、定时、计数与算术操作等面向用户的指令，并通过数字或模拟式输入/输出控制各种类型的机械或生产过程。

PLC 是一个以微处理器为核心的数字运算操作的电子系统装置，专为在工业现场应用而设计。PLC 是微机技术与传统的继电接触控制技术相结合的产物，它克服了继电接触控制系统中机械触点接线复杂、可靠性低、功耗高、通用性和灵活性差的缺点，充分利用了微处理器的优点，又照顾到现场电气操作维修人员的技能与习惯，特别是 PLC 的程序编制不需要专门的计算机编程语言知识，而是采用了一套以继电器梯形图为基础的简单指令形式，使用户程序编制形象、直观、方便易学，而且其调试与查错也都很方便。用户在购买到所需的 PLC 后，只需按说明书的提示做少量的接线和简易的用户程序编制工作，就可灵活方便地将 PLC 应用于生产实践。

1.3.9 CAM 系统

CAM（Computer Aided Manufacturing，计算机辅助制造）的核心是计算机数字控制（简称数控），它通过计算机编程生成机床设备能够读取的 NC 代码，从而使机床设备运行更加精确和高效，为企业节约大量的成本。

1952 年美国麻省理工学院首先研制成数控铣床，此后发展了一系列的数控机床，包括称为"加工中心"的多功能机床。加工中心能从刀库中自动换刀和自动转换工作位置，能连续完成钻、铰、攻丝等多道工序，这些都是通过程序指令控制运作的，只要改变程序指令就可改变加工过程，数控的这种加工灵活性称为"柔性"。

计算机辅助制造系统通过计算机的分级结构来控制和管理制造过程的多方面工作，它的目标是使用一个集成的信息网络来检测一个广阔的、相互关联的制造作业范围，并根据一个总体的管理策略来控制每项作业。

从自动化的角度来看，数控机床加工是一个工序自动化的加工过程，在加工中心实现部分零件或全部机械加工过程的自动化，由计算机直接控制并通过柔性制造来完成一族零件或不同族零件的自动化加工过程。所谓计算机辅助制造，是指计算机参与了制造过程这样一个概念。

一个大规模的计算机辅助制造系统是一个计算机分级结构的网络，它由两级或三级计算机组成。中央计算机控制全局，提供经过处理的信息；主计算机管理某一方面的工作，并对下属的计算机工作站或微型计算机发布指令和进行监控；计算机工作站或微型计算机承担单一的工艺控制过程或管理工作。

计算机辅助制造系统的组成可以分为硬件和软件两方面。硬件方面有数控机床、加工中心、输送装置、装卸装置、存储装置、检测装置、计算机等，软件方面有数据库、计算机辅助工艺过程设计、计算机辅助数控程序编制、计算机辅助工装设计、计算机辅助作业计划编制与调度、计算机辅助质量控制等。

1.4 数控一代的发展趋势

随着机械制造的发展，如今，数控系统已经普遍存在于企业的各个环节中，作为一门集计算机技术、自动化控制技术、测量技术、现代机械制造技术、微电子技术、信息处理技术等多学科交叉的综合技术，数控已经成为近年来应用领域中发展十分迅速的一项综合性的高新技术。它是为适应高精度、高速度、复杂零件的加工而出现的，是实现自动化、数字化、柔性化、信息化、集成化、网络化的基础，是现代机床装备的灵魂和核心，有着广泛的应用领域和广阔的应用前景。未来，随着信息化程度的逐步提高，对实现综合生产指标优化的综合自动化系统的需求不断增长。此外，随着通信技术与计算机及其网络技术的融合发展，为了增强产品竞争力，提高综合效益，机械制造企业将会更多地考虑如何把传统的数控系统技术放在企业信息化的大背景下，思考如何用信息化技术促进数控去适应本企业的需求，并快速向高端发展。在全球市场环境的影响和推动下，改进产品质量、提高生产效率和降低产品成本的需求不断增长，生产的实时优化受到过程工业的普遍重视并广泛加以采用。为了适应变化的经济环境，减少消耗，降低成本，提高生产效率，提高运行安全性，必须对控制、优化、计划与调度以及生产过程管理实现无缝集成。要降低生产成本、提高产品质量、减少环境污染和资源消耗，产品只能通过全流程数字控制的优化设计来实现。

因此，未来我国在发展数控技术的时候，必须以数控技术和产品的应用推广为牵引，提高机械设备行业中企业的自主创新能力，改变生产方式，提高生产效率，增加机械设备产品的附加值，实现产品的转型升级和机械装备的更新换代，大力促进我国机械工程领域的科技进步。数控一代既是数控技术应用工程，更是机械产品创新工程；既有机械工业发展强大需求的推动，又有成熟数控技术的支撑。要充分发挥我国的制度优越性，采取协同创新技术路线，在整个机械行业推进组织创新。

数控一代的战略目标是：在机械行业全面推广应用数控技术，在 5 到 8 年内，实现各行各业、各类各种机械产品的全面创新，使中国的机械产品整体升级为"数控一代"，为我国机械工业从"大"到"强"的跨越式发展作出重大贡献。

当今数控技术高速发展，学科间相互交叉与融合，使得"数控一代"技术的发展不是个人或者企业的行为，不仅需要科学技术与工业生产的紧密结合，还需要整个产业结构模式的紧密结合。因此，在这次针对数控化的机械发展革命中，为了更好地发展数控一代，必须以整个机械行业为先导，拓展创新包括数控核心技术、数控装备、配套技术，建立相应的传播平台，应用服务与培训体系在内的服务支撑体系，为未来加快"数控一代"的发展和推广应用打下良好的基础。

第2章　计算机数字控制装置

2.1　概述

2.1.1　计算机数控系统

计算机数控（Compute Numerical Control）英文简称 CNC。按照美国电子工业协会（Electronic Industries Association，EIA）数控标准化委员会的定义，"CNC 是指用一个存储程序的计算机，按照存储在计算机内的读写存储器中的控制程序去执行数控装置的部分或全部功能，在计算机之外唯一的装置是接口"。该定义表明计算机数控系统实际是一台控制用计算机，是数控机床的控制核心。机床的各个外围部件在数控系统的控制下有序地工作，自动按照预先编制的程序进行机械零件的加工。数控系统随着电子技术的发展，先后经历了电子管、晶体管、集成电路、小型计算机、微处理器及基于工控 PC 机的通用型系统六代。其中，前三代称为硬件数控，其插补运算主要由硬件完成，简称 NC 系统，目前已被淘汰；后三代称为软件数控，其插补运算主要由软件算法完成，也称 CNC 系统。由于微电子技术的迅速发展，目前比较多的是采用微处理器数控系统，简称为 MNC 系统，但习惯上仍称为 CNC 系统。

CNC 系统根据输入的程序（或指令）由计算机进行插补运算，形成理想的运动轨迹。插补计算出的位置数据输出到伺服单元，控制电动机带动执行机构，从而加工出所需要的零件。

2.1.2　数控机床的组成

数控机床一般是由程序输入/输出设备、计算机数字控制装置（CNC 装置）、可编程序控制器（PLC）、伺服系统、机床本体等组成，如图 2 - 1 所示，数控机床的核心是 CNC 装置。

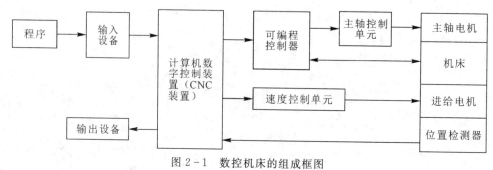

图 2 - 1　数控机床的组成框图

1. 输入/输出设备

输入/输出设备主要用于数据的输入和输出，这些数据主要包括：数控加工程序、机床参数、刀具补偿参数、PLC 参数、螺距误差补偿等。早期的输入/输出设备主要有：光电阅读机、纸带穿孔机、磁带机、软盘驱动器、显示器、键盘等。其中，键盘和显示器是最常用的输入/输出装置，显示器主要用于监控和显示之用；键盘主要用作输入操作命令及编辑修改数据，也可以用作少量零件加工程序的输入。在现代数控系统中，通常还配有存储卡、串行通信口、网络通信接口等，它们可以将计算机上编写的加工程序、PLC 程序、机床参数等输入到数控系统中。有些高端的数控系统还有一套自动编程机或 CAD/CAM 系统。

2. 计算机数控装置

微型计算机(以下简称微机)是计算机数控装置中的核心，与通用计算机一样，它包括中央处理器(CPU)、内部存储器、I/O 接口以及时钟、译码等辅助电路。

中央处理器(CPU)由运算器和控制器两部分组成。运算器是对数据进行算术和逻辑运算的部件。在运算过程中，运算器不断地得到由存储器提供的数据，并将运算的中间结果送回存储器暂时保存起来。控制器从存储器中依次取出组成程序的指令，经过译码后向数控系统的各部分按顺序发出执行操作的控制信号，使指令得以执行。

内部存储器用于存储系统软件和零件加工程序，并将运算的中间结果以及处理后的结果储存起来，它包括存放系统控制软件的存储器(ROM)和存放中间数据的存储器(RAM)两部分。ROM 中的系统控制软件程序是由数控系统生产厂家写入的，用来完成 CNC 系统的各项功能，机床断电后 ROM 中的内容不会丢失，数据永久保存。RAM 中一般存储的是系统参数、PLC 参数、螺距误差补偿参数、刀具补偿参数等，机床断电后 RAM 中的数据会丢失，因此需要专门的后备电池为其提供电源，并且该电源需按照数控系统厂家的规定进行定期更换。

输入/输出接口是中央处理器和外界联系的通路，它提供物理的连接手段，完成必要的数据格式和信号形式的转换。I/O 接口按功能可分为两类：一类连接常规的输入/输出设备以实现程序的输入/输出以及人机交互的界面，称之为通用的 I/O 接口；另一类则连接专用的控制和检测装置，实现机床的位置和工作状态的控制与检测，这是 CNC 系统专有的，称之为机床控制的 I/O 接口。

3. 可编程序控制器(PLC)

数控机床的控制在控制侧(即 NC 侧)有各坐标轴的运动控制，在机床侧(即 MT 侧)有各种执行机构的逻辑顺序控制。加工程序中一般都包含有主轴的正/反转、冷却液开/关、润滑、自动换刀、主轴松拉刀、工件的松开/夹紧等辅助指令，这些指令在 CNC 装置读取后，由操作系统软件进行译码，并由 PLC 完成其控制，驱动外部相应的电磁阀、继电器、液压、气动元件完成规定的动作。PLC 处于 NC 和 MT 之间，对 NC 和 MT 的输入、输出信息进行处理，用软件实现机床侧的控制逻辑。利用 PLC 可以提高 CNC 系统的灵活性、可靠性和利用率，并使结构更紧凑。

数控机床使用的可编程序控制器有内装型(Built in Type)和独立型(Stand-alone Type)两种。

PLC 的应用程序(Application Program)即 PLC 程序，通常用梯形图表示。编制 PLC 程序的设备有 PLC 专用编程机、编程器、有 PLC 编程功能的 CNC 系统或配有 PLC 编程系统软件的个人计算机(或工作站)。

4. 伺服系统

伺服系统由伺服机构(伺服放大器)和执行元件(伺服电机)组成。伺服机构包括速度控制单元和位置控制单元两部分。经插补运算得到的每个坐标轴在单位时间间隔内的位移量送往位置控制单元,由它生成的伺服电动机速度指令发往速度控制单元。速度控制单元接收速度反馈信号,对伺服电动机进行速度闭环控制。同时,位置控制单元接收实际位置反馈,并修正速度指令,实现机床运动的准确控制。

早期的数控机床多采用直流伺服驱动系统,现已被淘汰。目前,数控机床上常用的伺服驱动装置多为交流伺服驱动系统;在经济型的数控机床上也经常采用步进电机驱动的步进驱动系统;在高速加工机床上还有的使用的是直线电机驱动的进给伺服系统。伺服系统性能的好坏将直接影响数控机床的加工精度和生产效率。

目前机床上常用的交流伺服驱动系统分为通用型和专用型两类。通用型交流伺服驱动装置可以独立使用,是运动控制的通用位置控制装置,多见于国产普及型数控系统;专用型交流伺服驱动必须与 CNC 系统配套使用,多为进口全功能型数控系统常用的驱动装置。

5. 机床本体

机床本体是数控机床的机械部分,用于完成各种切削加工。根据不同零件的加工要求,其可以是车床、铣床、镗床、磨床、重型机床或测量机等。数控机床在整体结构方面一般具有如下特点:

(1)采用高性能的主传动部件,具有传递刚度好、功率大、耐磨性好、抗震性好、热变形小等优点。

(2)进给传动为数字伺服传动,传动链短,精度高,结构简单。一般采用的高效传动部件有滚珠丝杠副、直线滚动导轨等。

(3)数控加工中心类机床有完善的刀具自动换刀系统,工件一次装夹,能自动完成多道加工工序。

2.1.3 计算机数控装置的工作原理

CNC 装置在其硬件环境的支持下,按照系统监控软件的控制逻辑,对输入、译码处理、数据处理、插补运算与位置控制、I/O 处理、显示和诊断等方面进行控制。

1. 输入

输入到 CNC 装置的信息有零件加工程序、控制参数和补偿数据。常用的输入方式有键盘手动输入、光电阅读机纸带输入、磁盘输入、磁带输入、通信接口 RS-232 输入、连接上一级计算机的 DNC 接口输入以及通过网络通信方式的输入。CNC 装置在输入过程中还需完成程序检验、无效代码删除、代码校验和代码转换等工作。输入的全部信息存放在 CNC 装置的内部存储器中。

2. 译码处理

译码处理程序将零件程序以程序段为单位进行处理,每个程序段中含有零件的轮廓信息(起点、终点、直线、圆弧等)、要求的加工速度以及其他的辅助信息(换刀、切削液开/停等 M、S、T 代码),这些信息在计算机作插补运算与控制操作之前必须翻译成计算机内部能识别的语言,并以一定的数据格式存放在指定的内存区间,译码程序就承担着此项任务。在译码过程中，还要完成对程序段的语法检查，若发现语法错误便立即报警。

3. 数据处理

数据处理程序一般包括刀具半径补偿、速度计算以及辅助功能的处理等。刀具半径补偿是把零件轮廓轨迹转化为刀具中心轨迹，这是因为轮廓轨迹的出现是靠刀具的运动来实现的，从而减轻了编程人员的工作量。速度计算解决的是该加工程序段以什么样的速度运动的问题。编程所给的刀具移动速度是在各坐标的合成方向上的速度，速度处理首先是根据合成速度来计算各方向的分速度，此外，还要对机床允许的最低速度和最高速度的限制进行判断并处理。辅助功能如换刀、主轴启/停、切削液开/关等，大部分都是些开关量。辅助功能处理的主要工作是识别标志，在程序执行时发出信号，让机床相应部件执行这些动作。一般来说，对输入数据处理的程序实时性要求不高，因此，输入数据处理可以进行得充分一些，以减轻加工过程中实时性较强的插补运算及速度控制程序的负担。

4. 插补运算及位置控制

插补运算程序完成 CNC 系统中的插补功能。插补运算是 CNC 系统的实时控制软件，一般由控制机床运动的中断服务程序完成。插补的速度和精度是衡量数控系统优劣的一个关键指标，越是高端的数控系统，其插补速度越快且插补精度越高。插补程序在每个插补周期运行一次，在每个插补周期中，根据指令进给速度计算出一个微小的直线数据段。通常经过若干个插补周期加工完一个程序段，即从数据段的起点走到终点。计算机数控系统是一边插补，一边加工。在本次处理周期内，插补程序的作用是计算下一个处理周期的位置增量。插补运算的结果输出经过位置控制部分（这部分工作既可由软件完成，也可由硬件完成）控制伺服系统的运动，从而控制刀具按预定的轨迹加工。位置控制的主要任务是在每个采样周期内，将插补计算出的理论位置与实际的反馈位置相比较，用其差值去控制进给电动机。在位置控制中，通常还要完成位置回路的增益调整、各坐标方向的螺距误差补偿和反向间隙补偿，以提高机床的定位精度。

水平较高的管理程序可使多道程序并行工作，例如，在插补运算与速度控制的空闲时刻进行数据的输入处理，即调用各功能子程序，完成下一数据段的读入、译码和数据处理工作，且保证在本数据段加工过程中将下一数据段准备完毕，一旦本数据段加工完毕就立即开始下一数据段的插补加工。有的管理程序还安排进行自动编程工作，或对系统进行必要的预防性诊断。

5. 输入/输出处理

输入/输出处理主要是处理 CNC 装置和机床之间来往信号的输入/输出和控制。CNC 装置和机床之间必须通过光电隔离电路进行隔离，确保 CNC 装置稳定运行。

6. 显示

CNC 装置显示主要是为操作者提供方便，通常应具有零件程序显示、参数显示、机床状态显示、刀具加工轨迹动态模拟图形显示、报警显示等功能。

7. 诊断

CNC 装置利用内部自诊断程序可以进行故障诊断，主要有启动诊断和在线诊断两种。启动诊断是指 CNC 装置每次从通电开始至进入正常运行的准备状态中，系统相应的自诊断程序通过扫描自动检查系统硬件、软件及有关外设等是否正常。只有当检查到的各个项目都确认正确无误后，整个系统才能进入正常运行的准备状态。否则，CNC 装置将通过网络、TFT、CRT或用硬件(如发光二极管)报警等方式显示故障信息。此时,启动诊断过程不能结束,系统不能投入运行,只有排除故障之后CNC装置才能正常运行。

在线诊断是指在系统处于正常运行的状态中,由系统相应的内装诊断程序通过定时中断扫描检查CNC装置本身及外设。只要系统不停电,在线诊断就持续进行。

2.2 数控系统的硬件结构

2.2.1 按硬件的制造方式分类

根据硬件制造方式的不同,CNC系统硬件结构可分为两类:专用型CNC系统和个人计算机式CNC系统。

1. 专用型CNC系统

专用型CNC系统的硬件由各制造厂家专门设计和制造,没有通用性。其中,又有大板式结构和模块化结构之分。

大板式结构的CNC装置一般由主电路板、PMC盒、ROM/RAM板、选择功能板和电源装置等组成。主电路板是大印制板,其他电路板为小板并插在大电路板上的插槽内,图2-2为大板结构示意图。大板式CNC装置结构紧凑,体积小,可靠性高,有很高的性价比,也便于机床的一体化设计。但它的硬件功能不易变动,不利于组织生产。

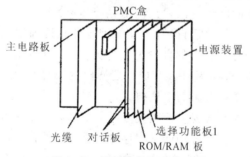

图2-2 大板式结构示意图

模块化结构的CNC装置是将整个CNC装置按功能划分为若干个模块,每个功能模块的硬件按模块化方法设计成尺寸相同的印刷电路板(称为功能模板),各板均可插到符合相应工业标准总线的母板的插槽内。功能模块的控制软件也是模块化的,于是可按积木形式构成CNC装置,设计简单,调试与维修方便,具有良好的适应性和扩展性。

2. 个人计算机式CNC系统

以往的CNC系统硬件由不同的NC制造厂商设计和制造,硬件彼此间不能交换及替代。近几年多采用工业标准计算机,亦即将工业PC机作为CNC系统的支撑平台,不同数控制造厂商仅需插入自己的控制卡和CNC软件即可构成CNC系统,不用设计专门的硬件。由于工业标准计算机的生产成本很低,继而也就降低了CNC系统的成本。若工业PC机出现故障,修理及更换均很容易。美国ANILAM公司和AI公司生产的CNC系统均属这种类型。

2.2.2 按所用的 CPU 分类

CNC 系统的硬件结构一般分为单微处理器和多微处理器两大类，初期的 CNC 系统和现有的一些经济型 CNC 系统采用单微处理器结构。随着机械制造技术的发展，对数控机床提出了要具备复杂功能、高进给速度和高加工精度的要求，以及要适应更高层次的自动化 FMS 和 CIMS 的要求，因此，多微处理器结构得到了迅速发展，它反映了当今数控系统的新水平。

1. 单微处理器结构的数控系统

在单微处理器结构中，只有一个微处理器，以集中控制、分时处理数控的各个任务。有的 CNC 系统虽然有两个以上的微处理器，但其中只有一个微处理器能够控制系统总线，占有总线资源。而其他的微处理器则成为专用的智能部件，不能控制系统总线，也不能访问主存储器，它们组成主从结构，故被归类于单微处理器结构。图 2-3 为单微处理器结构框图。

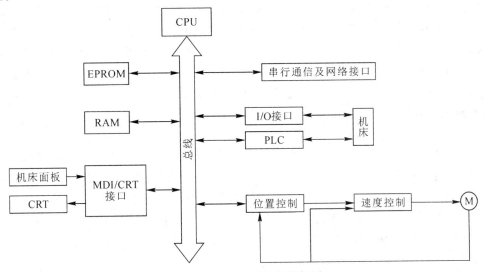

图 2-3　单微处理器结构框图

单微处理器的基本结构包括微处理器和总线、存储器、纸带阅读机接口、纸带穿孔机和电传机接口、I/O 接口、MDI/CRT 接口、位置控制单元及 PLC 接口等。下面对各主要组成部分进行介绍。

1）微处理器和总线

微处理器 CPU 是 CNC 装置的核心，由运算器及控制器两大部分组成，主要完成信息的处理，包括控制和运算两方面的任务。运算器对数据进行算术运算和逻辑运算，控制器则是将存储器中的程序指令进行译码，向 CNC 装置各部分顺序发出执行操作的控制信号，并且接收执行部件的反馈信息，从而决定下一步的命令操作。CPU 主要负责有关的数据处理和实时控制任务。数据处理包括译码、刀具补偿、速度处理，实时控制包括插补运算、位置控制以及对各种辅助功能的控制。此外，控制任务还要根据系统要实现的功能进行协调、组织、管理和调度，获取信息、处理信息、发出控制命令，维持 CNC 系统内部各功能部件的动作以及各部件之间的协调。

CNC 装置中常用的微处理器有 8 位、16 位、32 位乃至 64 位。例如，Intel 公司的 8085、8086、80186、80286、80386、80486、Pentium，Motorola 公司的 6800、68000、68010、68020、68030、68040，Zilog 公司的 Z80、Z8000、Z80000 等。选用 CPU 时要根据实时控制和数据处理的要求，对运算速度、字长、数据宽度、寻址能力等几方面因素进行综合考虑。

经济型 CPU 装置常采用 8 位的微处理器芯片或采用单片机芯片（8 位或 16 位）作为微处理器，一般的 CNC 装置通常采用 16 位、32 位乃至 64 位微处理器芯片。

总线是 CPU 与各组成部件、接口等之间的信息公共传输线，总线由地址总线（AB）、数据总线（DB）和控制总线（CB）组成。随着传输信息的高速度和多任务性要求不断提高，总线的结构和标准也在不断发展。

2）存储器

CNC 装置的存储器包括只读存储器（ROM）和随机存储器（RAM）两类。ROM 一般采用可以用紫外线擦除的只读存储器（EPROM），这种存储器的内容只能由 CNC 装置的生产厂家固化（写入），即使断电，写入的信息也不会丢失。但它只能被 CPU 读出，不能写进新的内容。要想写入新的内容，必须用紫外线抹除原有的内容之后才能重新写入。常用的 EPROM 有 2716、2732、2764、27128、27256 等。ROM 还有 EEPROM 和 Flash ROM，它们也常用在数控系统的存储器中，这两种 ROM 均为电可擦除的 ROM，存储的内容能被随时读出，还可以根据需要进行写入和修改，断电后仍然保存。RAM 中的信息可以随时被 CPU 读或写，但断电后信息也随之消失。如果断电后需要保留信息，一般可采用后备电池。

CNC 装置的系统程序存放在只读存储器（EPROM）、EEPROM 或 Flash ROM 之中。零件加工程序、机床参数、刀具参数等存放在有后备电池的 CMOS RAM 中，或者存放在磁泡存储器中，这些信息在这些存储器中能被随时读出，还可以根据需要写入和修改，断电后信息仍被保留。数控中各种运算的中间结果，需显示的信息、数据，运行中的状态，标志信息等均放在随机存储器 RAM 中，它可以随时读出和写入，断电后信息就消失。

3）位置控制单元

位置控制单元又称为位置控制器或位置控制模块，它主要用来控制数控机床各进给坐标轴的位移量，需要随时把插补运算所得的各坐标位移指令与实际检测到的位置反馈信号进行比较，并结合有关补偿参数，适时地向各坐标伺服驱动控制单元发出位置进给指令，使伺服控制单元驱动伺服电动机运转。位置控制是一种同时具有位置控制和速度控制两种功能的反馈控制系统。CPU 发出的位置指令值与位置检测值的差值就是位置误差，它反映了实际位置总是滞后于指令位置。位置误差经处理后作为速度控制量控制进给电动机的旋转，使实际位置总是跟随指令位置的变化而变化。所以，当指令位置以一定的速度变化时，实际位置也以此速度变化，而且实际位置始终跟随指令位置，当指令位置停止变化时，实际位置等于指令位置。由此可见，位置控制既控制了速度，又控制了位置。

进给轴的控制是数控机床要求最高的位置控制，不仅在单个轴运动时有位置控制要求和速度控制要求，在多轴联动控制时，各个运动轴要协调运动，精确配合，才能准确地形成加工程序要求的轨迹。在进行位置控制的同时，数控系统还进行自动升、降速处理，即当机床启动、停止或在加工过程中改变进给速度时，数控系统自动进行线性规律或指数规律的速度升、降处理，以满足进给运动的加、减速要求。

进给轴的位置控制一般采用专用的位置控制芯片，也可采用通用芯片构成位置控制板。由于伺服控制技术和集成电路技术的发展，采用高速数字信号处理器(DSP)的全数字位置伺服控制系统在现代数控装置中的应用比较普遍。

4) 输入/输出(I/O)接口

CNC 装置与机床之间的通信主要通过 I/O 接口电路来传送。输入接口用来接收机床操作面板上的各种开关、按钮以及机床上的各种行程开关和温度、压力、电压等检测信号，接收电路分为开关量输入和模拟量输入两类。由接收电路对输入信号进行电平转换，变成CNC 装置能够接收的电平信号。输出接口将所检测到的各种机床的工作状态信息送到机床操作面板进行声光指示，将 CNC 装置发出的控制机床动作的信号送到强电控制柜，以控制机床电气执行部件动作。根据电气控制要求，接口电路还必须进行电平转换和功率放大。为防止噪声干扰引起误动作，还需用光电耦合器或继电器将 CNC 装置和机床之间的信号在电气上进行隔离。

5) 其他接口

其他接口包括阅读机接口、穿孔机接口、MDI/CRT 接口、PLC 接口等，这些接口主要用来连接 CNC 系统响应的外围设备，将这些设备通过总线与 CPU 进行连接。其中，某些接口在现代数控系统上已经被淘汰，例如阅读机接口和穿孔机接口。

单微处理器结构的 CNC 系统具有如下一些特点：

(1) CNC 系统内只有一个微处理器，存储、插补运算、输入/输出控制、CRT 显示等功能都由它集中控制并分时处理。

(2) 微处理器通过总线与存储器、输入/输出控制等各种接口相连，构成 CNC 系统。

(3) 结构简单，制造容易。

(4) 单微处理器因为只有一个微处理器集中控制，其功能将受到微处理器字长、数据宽度、寻址能力和运算速度等因素的限制。

2. 多微处理器结构的数控系统

单微处理器系统通常只有一个 CPU，系统所有的运算处理和管理控制都由它来完成，因此数控功能的扩展与处理速度的提高成为一对突出的矛盾。为解决这个矛盾，可以增加浮点协处理器，由硬件分担精插补，或采用有微处理器的 PLC 和 CRT 等智能部件，这些措施虽然从局部上解决了一些问题，但要从根本上提高 CNC 系统的功能和性能，还需要采用多微处理器结构，现代数控系统基本都采用多微处理器的结构。

1) 多微处理器的特点

(1) 性价比高。采用多微处理器完成各自特定的功能，适应多轴控制、高精度、高进给速度、高效率的控制要求，同时，因单个低规格 CPU 的价格较为便宜，因此其性能价格比较高。

(2) 模块化结构。采用模块化结构具有良好的适应性与扩展性，结构紧凑，调试、维修方便。多微处理器结构大多采用模块化结构，每个模块包含有完成特定功能任务的软件。硬件一般是通用的，只要开发不同的软件就可以构建不同的 CNC 系统。

(3) 通信功能强大。多微处理器具有很强的通信功能，便于实现 FMS、FA、CIMS。

2）多微处理器结构的组成

多微处理器结构的 CNC 装置一般由六种功能模块组成，通过增加相应的功能模块可实现一些特殊功能。这些功能模块包括：

（1）CNC 管理模块。该模块管理和组织整个 CNC 系统各功能协调工作，如系统的初始化、中断管理、总线裁决、系统错误识别和处理、系统软硬件诊断等。该模块还完成数控代码编译、坐标计算和转换、刀具半径补偿、速度规划和处理等插补前的预处理。

（2）CNC 插补模块。该模块根据前面的编译指令和数据进行插补计算，按规定的插补类型通过插补计算为各个坐标提供位置给定值。

（3）位置控制模块。插补后的坐标作为位置控制模块的给定值，而实际位置通过相应的传感器反馈给该模块，经过一定的控制算法实现无超调、无滞后、高性能的位置闭环。

（4）PLC 模块。零件程序中的开关功能和由机床来的信号在这个模块中作逻辑处理，实现各功能和操作方式之间的连锁、机床电气设备的启/停、刀具交换、转台分度、工件数量和运转时间的计数等。

（5）操作面板监控和显示模块。该模块负责零件程序、参数、各种操作命令和数据的输入（如软盘、硬盘、键盘、各种开关量和模拟量的输入、上级计算机的输入等）、输出（如通过软盘、硬盘、各种开关量和模拟量的输出、打印机等）、显示（如通过 LED、CRT、LCD 等）所需要的各种接口电路。

（6）存储器模块。该模块指程序和数据的主存储器或功能模块间数据传送用的共享存储器。

3）多微处理器系统的典型结构

多微处理器系统的 CPU 装置多为模块化结构，通常采用共享总线和共享存储器两种典型的结构实现模块间的互连与通信。

（1）共享总线结构。

对于以系统总线为中心的多微处理器 CNC 装置，可以把组成 CNC 装置的各个功能部件划分为带有 CPU 或 DMA 器件的主模块和不带 CPU 或 DMA 器件的从模块（如各种 RAM、ROM 模块、I/O 模块）两大类。所有主、从模块都插在配有总线插座的机柜内，共享标准系统总线。系统总线的作用是把各个模块有效地连接在一起，按照标准协议交换各种数据和控制信息，构成完整的系统，实现各种预定的功能，如图 2-4 所示。

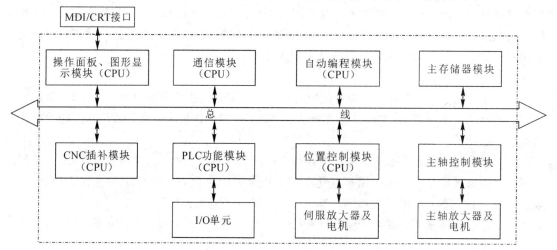

图 2-4 多微处理器 CNC 组成框图

在系统中只有主模块有权控制和使用系统总线，而且同一时刻只能有一个主模块占用总线。通过仲裁电路裁决各主模块同时请求系统总线的竞争，按承担任务的重要程度预先安排好各主模块的优先级别或高低顺序。

总线仲裁的目的就是在各主模块争用总线时，判别出各模块优先级的高低，支持多微处理器系统的总线都设计有总线仲裁机构，通常有串行方式和并行方式两种裁决方式。

在串行总线裁决方式中，优先权的排列是按照链接位置决定的，某个主模块只有在前面优先权更高的主模块不占用总线时，才可以使用总线，同时通知其后优先权较低的主模块不得使用总线。图 2-5 为串行总线仲裁连线方式。

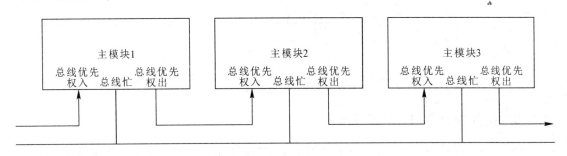

图 2-5　串行总线仲裁连线方式

在并行总线裁决方式中，要配置专用的逻辑电路来解决主模块的判优问题，通常采用优先权编码方案。图 2-6 为并行总线仲裁连线方式。

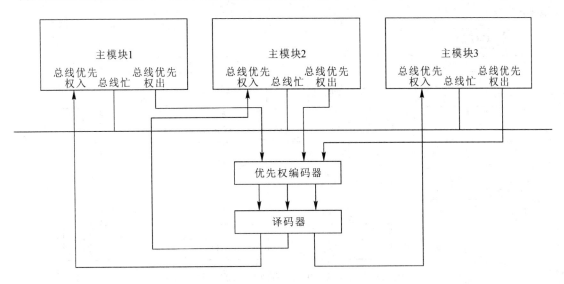

图 2-6　并行总线仲裁连线方式

（2）共享存储器结构。

共享存储器结构采用多端口存储器来实现各 CPU 之间的互连和通信，每个端口都配有一套数据、地址和控制线以供端口访问，由专门的多端口控制逻辑电路解决访问的冲突。但这种方式由于同一时刻只能有一个微处理器对多端口存储器进行读/写，所以功能复杂。当微处理器数量增多时，会因争用共享存储器而造成信息传输的阻塞，降低系统效率，因此扩展功能很困难。图 2-7 为采用多微处理器共享存储器的 CNC 系统框图。

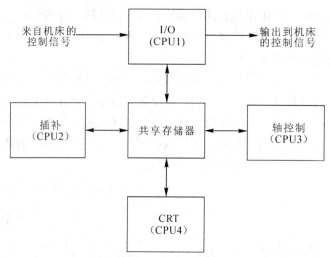

图 2-7 多处理器共享存储器的 CNC 系统框图

2.2.3 微处理器 32 位 CNC 系统

如图 2-8 所示为 FANUC FS15 系列的 CNC 系统组成情况。这个系统采用了 32 位 CPU，这样使得从输入 NC 数据到计算出伺服电动机位移量的 CNC 功能处理速度大大提高。此外，采用伺服电动机内装高速响应和高分辨率的脉冲编码器，使系统的快速进给速度和切削速度在分辨率为 1 μm 时达到了 100 m/min，从而实现了高速、高精度的位置控制。

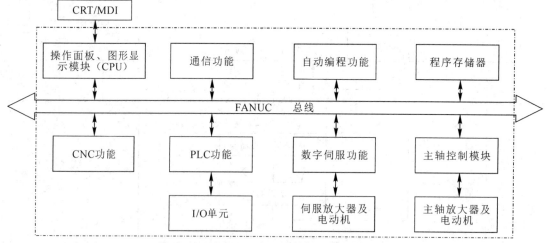

图 2-8 FANUC FS15 系列的 CNC 系统组成

为了实现机床逻辑动作的高速处理，FANUC FS15 系列的 CNC 系统采用了高速可编程序机床控制器(PLC)，用来实现对阶梯图语言的高速处理。FANUC 公司开发了 PLC 专用处理器，使得 PLC 中基本指令的执行速度为 0.25 μs/步，这样一来，FANUC FS15 系列中的 CNC 系统就具备了 M、S、T 的高速处理功能，允许在一个加工程序段内多次执行 M、S、T 功能，大大缩短了加工循环时间。

在 FANUC FS15 系列以后开发的 FANUC FS16 和 FS18 系列的 CNC 系统中，集中了更多的新技术，不但使数控系统适用于单机数控机床，而且还适用于 CIMS 系统。

在 FANUC FS16 和 FS18 系列的 CNC 系统中采用了 32 位精简指令集(RISC)和复杂指令集(CISC)的多 CPU 及 32 位多总线,大大提高了数据处理和数据传送的速度,实现了最小的移动单位和最大的进给速度,便于用微小程序段以高速度、高精度加工形状复杂的模具或其他复杂零件。

通过连接单元可将 CNC 系统并入网络,构成 FMS 与 CIMS。此外,CNC 系统具有机器人控制功能,机器人可直接安装在机床上,构成一体化加工单元。总之,现代 CNC 系统正朝着高速、高精度、智能化与系统化的方向飞速发展。

2.3　数控系统的 I/O 接口

2.3.1　CNC 装置的输入/输出和通信要求

数控系统的输入/输出接口是 CNC 系统与外围设备之间进行信息交互的重要部件,CNC 系统与键盘、显示器、伺服驱动器、主轴驱动器、I/O 单元以及计算机等部件的通信都需要 CNC 系统的接口与之进行连接。一般对 CNC 装置的输入/输出和通信有以下四方面的要求:

(1) 用户要能将数控命令、代码输入系统,系统要具备拨盘、纸带、键盘、软驱、串口、网络之类的设备。

(2) 需具备按程序对继电器、电机等进行控制的能力和对相关开关量(如超程、机械原点等)进行检测的能力。

(3) 系统要有操作信息提示,用户能对系统的执行情况、电机运动状态等进行监视,系统需配备有 LED(Light Emitting Diode,数码管)、CRT(Cathode Ray Tube,阴极射线管)、LCD(Liquid Crystal Display,液晶显示器)、TFT(Thin Film Transistor,薄膜晶体管)等显示接口电路。

(4) 随着工厂自动化(FA)及计算机集成制造系统(CIMS)的发展,CNC 装置作为分布式数控系统(DNC)及柔性制造系统(FMS)的重要基础部件,应具有与 DNC 计算机或上级主计算机直接通信的功能或网络通信功能,以便系统的管理和集成。

2.3.2　数控系统的 I/O 接口电路的作用和要求

CNC 装置的 I/O 接口一般用来接收机床操作面板上的开关、按钮信号,把某些工作状态显示在操作面板的指示灯上,把控制机床的各种信号送到强电柜,同时完成 CNC 装置与外部各控制单元之间的信息传递等工作。因此,I/O 接口是 CNC 装置和外部各控制单元之间信号交换的转换接口。

I/O 接口电路的作用和要求如下:

(1) 进行必要的电隔离。其隔离措施一般采用光电耦合隔离,以防止高频干扰信号的串入影响系统的稳定运行和强电对系统的破坏。它将输入与输出端两部分电路的地线分开,各自使用一套电源供电,信息通过光电转换单向传递。另外,由于光电耦合器的输入与输出端之间的绝缘电阻非常大,因此寄生电容很小,所以干扰信号很难从输出端反馈到输入端,从而较好地隔离了干扰信号。

（2）进行电平转换和功率放大。CNC 系统的信号往往是 TTL 脉冲或电平信号，而机床提供和需要的信号大多是 24 伏的电平信号，而且有的负载比较大，因此需要进行信号的电平转换和功率放大。

如图 2-9 所示为开关量信号输入的接口电路，常用于限位开关、手持点动、刀具刀位、机械原点、传感器的输入等，对于一些有过渡过程的开关量还要增加防抖动措施，使其能稳定可靠地工作。

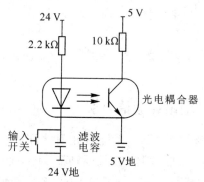

图 2-9　开关量信号输入的接口电路

如图 2-10 为开关量信号输出的接口电路，可用于驱动 24 伏的小型继电器。在这些电路中要根据信号的特点选择相应速度、耐压、负载能力的光电耦合器和三极管。

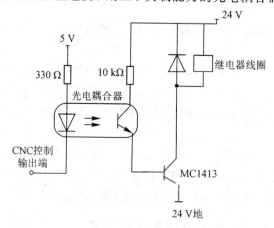

图 2-10　开关量信号输出的接口电路

2.3.3　常见的 I/O 接口电路

数控系统常见的 I/O 接口电路有光电隔离电路和信息转换电路两种。

1. 光电隔离电路

为了防止强电系统干扰及其他干扰信号通过通用 I/O 接口进入微机，影响其工作，通常采用光电隔离的方法，即外部信号需经过光电耦合器与微机发生联系，外部信号与微机无直接的电气联系。光电耦合器是一种以光的形式传递信号的器件，其输入端为一发光二极管，输出端为光敏器件。如果发光二极管导通发光，光敏器件就受光而导通，反之光敏器件断开，这样就通过光电耦合器实现了信息的传递。

如图 2-11 所示为几种常见的光电耦合器。其中，普通型工作频率在 100 kHz 以下；

高速型由于响应速度高，工作频率可达 1 MHz。以上两种光电耦合器主要用于信号的隔离。达林顿输出型的输出部分构成达林顿形式，可以直接驱动继电器等器件；晶闸管输出型的输出部分为光控晶闸管，它通常用于大功率交流的隔离驱动场合。

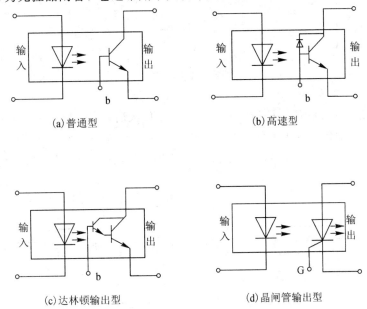

图 2-11　几种常见的光电耦合器结构原理图

2. 信息转换电路

信息转换电路主要完成以下几个方面的转换。

1）数字脉冲转换

在使用以步进电动机为驱动元件的计算机数控装置中，由于步进电动机的驱动信号为脉冲电平，所以要进行数字脉冲转换。应用微机很容易实现数字脉冲的转换工作，只要按照一定的相序向 I/O 接口分配脉冲序列，脉冲信号经光电隔离和功率放大后，就可控制步进电动机按一定的方向转动。数字脉冲转换的接口电路如图 2-12 所示。

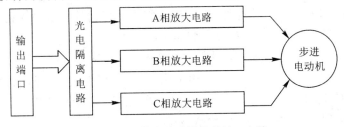

图 2-12　数字脉冲转换的接口电路

2）D/A、A/D 转换

在机床控制的 I/O 接口中，还常用到 D/A、A/D 转换。如图 2-13 所示为采用直流伺服电动机的控制回路中增加了 D/A 转换电路。微机送出的对应伺服电动机转速的数字量经 D/A 转换电路转换成模拟电压信号，控制伺服电动机的运转。

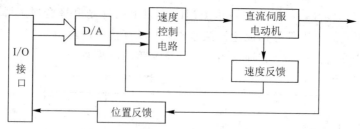

图 2-13 直流伺服电动机的控制回路

3）弱电、强电转换

计算机数控系统中的微机信号一般要经过功率放大后，才能控制主轴电动机等执行元件的动作，而这些动作与强电系统有关。如图 2-14 所示为一典型的交流电动机的控制回路。微机送出电动机启/停信号，经光电隔离、功率放大等来控制交流电动机的运转或停止。

图 2-14 交流电动机的控制回路

2.3.4 通用 I/O 接口

通用 I/O 接口部分是指外部设备与微处理器之间的连接电路。一般情况下，外部设备与存储器之间不能直接通信，必须靠微处理器传递信息。通过微处理器对通用 I/O 接口的读/写操作，完成外部设备与微处理器之间信息的输入或输出。根据通用 I/O 接口传输信息的方向不同，将微处理器向外部设备送出信息的接口称为输出接口，将外部设备向微处理器传送信息的接口称为输入接口。除了这两种单向接口外，还有一种具有两个方向都可以传送信息的双向接口。下面以键盘接口工作为例，说明通用 I/O 接口的应用。

键盘是实现人机对话的一种重要手段，通过键盘可以向计算机输入程序、数据及控制命令。键盘有两种基本类型：全编码键盘和非编码键盘。

全编码键盘每按下一键，键的识别由键盘硬件逻辑自动提供被按键的 ASCII 代码或其他编码，并能产生一个选通脉冲向 CPU 申请中断，CPU 响应后将键的代码输入内存，通过译码执行该键的功能。此外，还有消除抖动、多键和串键的保护电路。这种键盘的优点是使用方便，不占用 CPU 的资源，但价格昂贵。

非编码键盘的硬件上仅提供键盘的行和列的矩阵，其他识别、译码等工作都由软件来完成。所以非编码键盘结构简单，是较便宜的输入设备。这里主要介绍非编码键盘的接口技术和控制原理。

非编码键盘在软件设计过程中必须解决的问题是：识别键盘矩阵中被按下的键、产生与被按键对应的编码、消除按键时产生的抖动干扰、防止键盘中串键的错误（同时按下一个以上的键）。图 2-15 是一般微机系统常用的键盘结构线路，它由 8 行×8 列的矩阵组成，有 64 个键可供使用。行线和列线的交点是单键按钮的接点，当键按下时，行线和列线互通。CPU 的 8 条低位地址线通过反相驱动器连接至矩阵的列线，矩阵的行线经反相三态缓冲器接至 CPU 的数据总线上。CPU 的高位地址通过译码接至三态缓冲器的控制端，所以 CPU 是通过地址线来访问键盘的，这与访问其他内存单元的方式相同。键盘也占用了内存空间，若高位地址的译码信号是 38H，则 3800H~38FFH 的存储空间为键盘所占用。

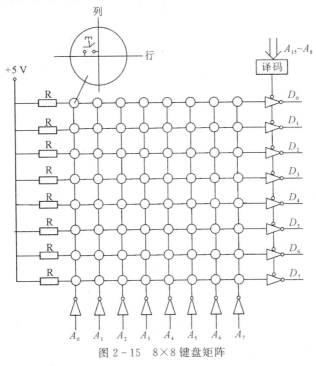

图 2-15　8×8 键盘矩阵

输入键盘信息的过程为：

（1）操作者按下一个键。

（2）查出按下的是哪个键。

（3）给出该键的编码，即键译码。在这种方式中，键的识别和译码是由软件来实现的，采用程序查询的方法来扫描键盘，其扫描的步骤如下：

平时三态缓冲器的输入端是高电平。扫描键盘是否有键按下时，首先访问键盘所占用的空间地址，高位地址选通，经译码器打开三态缓冲器的控制端。然后当低位地址 $A_0 \sim A_7$ 全为高电平时，检查行线，用读入数据的方法判断 $D_0 \sim D_7$ 是否全为 0，若全为 0，表示没有键按下。程序再反复扫描，直到查出输入信息不是 0，若某一根数据线为高电平，则表示键盘中有一个键按下，并根据数据的值可以知道按键是在哪一行。在查到有键按下后，必须找到键在哪一列上。接着 CPU 再逐列扫描地址线，其方法是先使第一列地址线为高，后 7 列为低，然后再读入数据，检查行线是否有一根数据为高，若不为高，则使第 2 列为高，其余为低，再读入数据，检查是否不全为 0，以此类推，直到读入数据不全为 0，即可找出按键所在的列。

键盘按键在按下时，由于键是机械触点，因此键在闭合过程中会产生抖动。图 2-16 是一个典型的当键按下时键触点的抖动变化情况。抖动时间一般在十几毫秒之内，在抖动期间，开关多次闭合和断开，造成信息输入的不可靠。消除抖动影响的最简单的办法是在键按下稳定后再查键信息。克服抖动常用的方法有硬件滤波和软件延时。软件延时指用软件延时程序待键稳定后再读键的代码。此外，对于多键或者串键问题，一般也是通过软件进行处理。对于多键或串键按下，由于扫描后读入的数据信息是一根数据线为高，因此可作按下键无效处理。

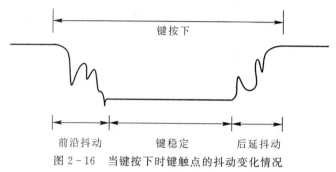

图 2-16　当键按下时键触点的抖动变化情况

2.4　数控系统的通信

2.4.1　概述

现代 CNC 系统使用标准串行通信接口与其他微型计算机相连，并进行点对点通信，以实现零件程序和参数的传送。为了适应工厂自动化(FA)和计算机集成制造系统(CIMS)的发展，CNC 装置作为分布式数控系统(DNC)及柔性制造系统(FMS)的基础组成部分，应该具有与 DNC 计算机或上级主计算机直接通信的功能或网络通信功能。

CNC 系统在作为独立控制单台机床的设备时，通常需要与下列设备相接，并进行数据通信。

1. 输入/输出设备

输入/输出设备包括打印机、零件和可编程控制器的编程机、上级计算机、显示器与键盘、磁盘驱动器等。

2. 外部机床控制面板

在数控机床的操作过程中，为了操作方便，往往在机床外侧设置一个机床操作面板，数控系统需要与它的操作面板进行通信联系。

3. 手摇脉冲发生器

在手工操作过程中，数控系统需要与手摇脉冲发生器进行信息交换。

4. 进给驱动线路和主轴驱动线路

一般情况下，进给驱动线路和主轴驱动线路与数控系统距离很近，它们之间直接通过内部连线相连，不设置通用的输入/输出接口。

2.4.2　CNC 系统的异步串行接口

1. 串行通信

通信的基本方式可分为并行通信和串行通信两种。并行通信是指数据的各位同时进行传送，其特点是传输速度快，但当距离较远、位数较多时，会导致通信线路复杂且成本高；串行通信是指数据一位位地顺序传送，其特点是通信线路简单，只要一对传输线就可以实现通信，并可利用电话线，从而大大地降低了成本，特别适用于远距离通信，但传送速度慢。

串行通信本身又分为异步通信与同步通信两种。异步通信是指通信中两个字符间的时间间隔是不固定的，然而在同一字符中的两个相邻位代码的时间间隔却是固定的；同步通信则是指在通信过程中每个字符间的时间间隔是相等的，而且每个字符中的两个相邻位代码的时间间隔也是固定的，它适用于信息量大的远程通信系统。异步通信与同步通信的数据格式如图 2-17 所示。CNC 系统的串行通信一般采用异步通信，所以本书主要介绍异步通信。

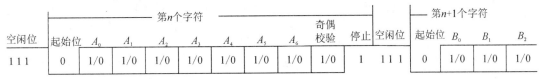

（a）异步通信

（b）同步通信

图 2-17　串行通信的数据格式

异步通信要求在发送每一个字符时都要在数据位的前面加一位起始位，在数据位的后面要有 1 位或 1.5 位或 2 位的停止位。在数据位和停止位之间可以有一位奇偶校验位，数据位可以是 5～8 位长。

在串行通信中，串行数据传送是在两个通信端之间进行的。根据数据传送方向的不同有如图 2-18 所示的三种方式：

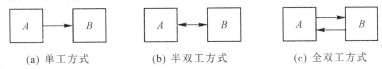

（a）单工方式　　　（b）半双工方式　　　（c）全双工方式

图 2-18　串行通信的数据传送方式

（1）单工方式：只允许数据按照一个固定的方向传送，数据不能从 B 站传送到 A 站，在这种方式中一方只能发送，而另一方只能作为接收站；

（2）半双工方式：数据能从 A 站传送到 B 站，也能从 B 站传送到 A 站，但是不能同时在两个方向上传送，每次只能有一个站发送，一个站接收；

（3）全双工方式：通信线路的两端都能同时传送和接收数据，数据可以同时在两个方向上传送。全双工方式相当于把两个方向相反的单工方式组合在一起，而且它需要两路传输线。

长距离通信时，通常要用电话线传送。由于用电话线可以将一个频率为 1000～2000 Hz 的正弦波模拟信号以较小的失真进行传输，所以在远距离通信时，发送方要用调制器把数字信号转换为模拟信号，接收方用解调器检测发送端送来的模拟信号，再把它转换成数字信号，这就是信号的调制和解调，如图 2-19 所示。实现调制和解调任务的装置称为信号的调制解调器(Modem)或称为数传机(Dataset)。

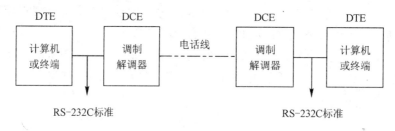

图 2-19　调制和解调示意图

频移键控(FSK)法是一种常用的调制方法，它把数字信号"1"与"0"调制成易于鉴别的两个不同频率的模拟信号，其原理如图 2-20 所示。

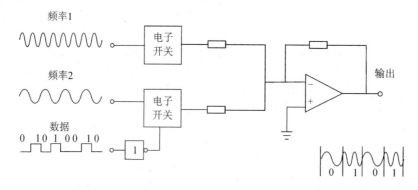

图 2-20　FSK 调制法原理图

2. RS-232C 标准

在串行通信中，广泛应用的标准是 RS-232C，它是美国电子工业协会(EIA)在 1969年公布的数据通信标准。RS 是推荐标准(Recomended Standard)的英文缩写，232C 是标准号，该标准定义了数据终端设备(DTE)和数据通信设备(DCE)之间的连接信号的含义及其电压信号规范等参数。其中，DTE 可以是计算机，DCE 一般指调制解调器，表示为MODEM。

为实现串行通信并保证数据的正确传输，要求通信双方遵循某种约定的规程。目前在微型计算机与数控系统中最常用的是异步通信控制规程，或称为异步通信协议。其特点是通信双方以一帧作为数据传输单位，每一帧从起始位开始，后跟数据位(位长度可选)和奇偶位(奇偶检验可选)，最后以停止位结束。

1) 针脚定义

RS-232C 接口是一个具有 25 针脚的 D 型连接器，它定义了 20 条可同外界通信设备连接的信号线，并对传输信号电平作了明确的规定。

CNC 系统侧的 RS-232C 的针脚定义如表 2-1 所示。

表 2-1 CNC 系统侧的 RS-232C 的针脚定义

针 脚	定 义	说 明
1	保护地	接设备外壳、安全地
2	TxD	发送数据
3	RxD	接收数据
4	RTS	请求发送
5	CTS	清除发送
6	DSR	数传设备就绪
7	OV	信号地
8	DCD	载波信号
20	DTR	数据终端就绪
22	RI	振铃指示
23	DSRD	数据信号速率选择

在微型计算机侧中，RS-232C 接口有 25 针和 9 针两种，它们的针脚定义如表 2-2 和表 2-3 所示。

表 2-2 标准 RS-232C 25 针 D 型插头的针脚定义

针 脚	信号名称	简 称	方 向
1	保护地	GCD	
2	发送数据	TxD	输出
3	接收数据	RxD	输入
4	请求发送	RTS	输出
5	清除发送	CTS	输入
6	数传设备就绪	DSR	输入
7	信号地	SGD	
8	载波信号	DCD	输入
20	数据终端就绪	DTR	输出
22	振铃指示	RI	输入

表 2-3 标准 RS-232C 9 针 D 型插头的针脚定义

针 脚	信号名称	简 称	方 向
1	载波信号	DCD	输入
2	接收数据	RxD	输入
3	发送数据	TxD	输出
4	数据终端就绪	DTR	输出
5	信号地	SGD	
6	数传设备就绪	DSR	

针脚	信号名称	简称	方向
7	请求发送	RTS	输出
8	清除发送	CTS	输入
9	振铃指示	RI	输入

2）CNC 系统与计算机的串行连接

现代数控机床或加工中心都具有标准的 RS-232C 串行通信端口，配备 SINUMERIK 802D 数控系统的数控机床或加工中心与微型计算机的连线方式如图 2-21 所示。

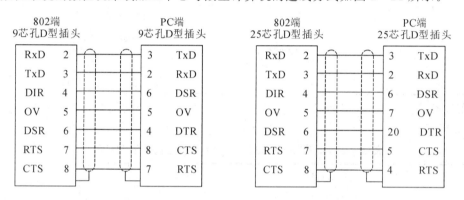

图 2-21　CNC 系统与微型计算机的连线方式

3. RS-232C/20 mA 接口

在 CNC 系统中，RS-232C 接口用于连接输入/输出设备(PTR、PP 或 TTY)、外部机床控制面板或手摇脉冲发生器，传输速率不超过 9600 b/s，SIEMENS 的 CNC 系统规定其连接距离不超过 50 m。在 CNC 系统中标准的 RS-232C/20 mA 接口结构如图 2-22 所示。

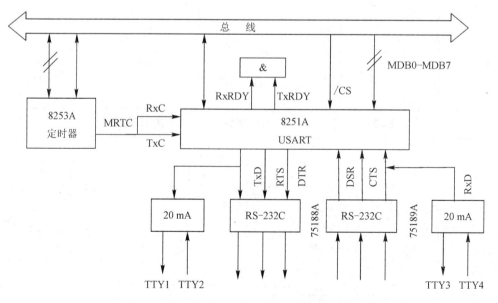

图 2-22　CNC 系统中标准的 RS-232C/ 20 mA 接口结构示意图

4. RS‐422/RS‐449 接口标准

为了弥补 RS‐232C 的不足，人们又提出了新的接口标准 RS‐422/RS‐449。RS‐422 标准规定了双端平衡电气接口模块。RS‐449 规定了这种接口的机械连接标准，即采用 37 个针脚的连接器，这与 RS‐232C 的 25 个针脚插座不同。这种平衡发送能保证更可靠、更快速的数据传送。它采用双端驱动器发送信号，而用差分接收器接收信号，能抗传送过程中的共模干扰，还允许线路有较大的信号衰减，这样可使传送频率高得多，传送距离也比 RS‐232C 远得多。

2.4.3　CNC 系统的网络通信接口

当前对生产自动化提出很高的要求，生产要有很高的灵活性并能充分利用制造设备资源。为此，计算机通过工业局部网络(LAN)将 CNC 系统和各种系统中的设备联网，以构成 FMS 或 CIMS，联网时应能保证高速和可靠地传送数据和程序。

从计算机网络技术来看，计算机网络是通过通信线路并根据一定的通信协议互连起来的独立自主的计算机的集合，CNC 系统可以看做是一台具有特殊功能的专用计算机。计算机的互联是为了交换信息，共享资源。工厂范围内应用的主要是局部网络(LAN)，通常它有距离限制(几公里)，但却具有较高的传输速率、较低的误码率和可以采用各种传输介质(如电话线、双绞线、同轴电缆和光导纤维)等优点。ISO 的开放式互联系统参考模型(OSI/RM)是国际标准化组织提出的分层结构的计算机通信协议模型，提出这一模型是为了使世界各国不同厂家生产的设备能够互联，它是网络的基础。OSI/RM 在系统结构上具有 7 个层次，如图 2‐23 所示。

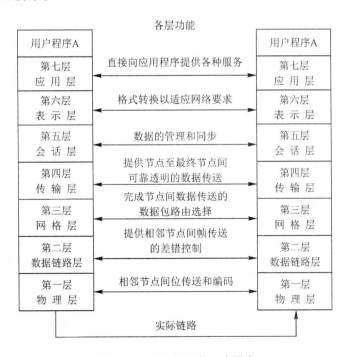

图 2‐23　OSI/RM 的 7 个层次

通信一定是在两个系统之间进行的，要求两个系统必须具有相同的层次功能，通信可以认为是在两个系统的对应层次（同等层）内进行的。同等层间通信必须遵循一系列的规则或约定，这些规则和约定称为协议。OSI/RM 最大的优点在于有效地解决了异种机之间的通信问题。不管两个系统之间的差异有多大，只要具有下述特点就可以相互有效地通信：

① 它们完成一组同样的通信功能；

② 这些功能分成相同的层次，对等层提供相同的功能；

③ 同等层必须共享共同的协议。

局部网络标准由 IEEE802 委员会提出建议，并已被 ISO 采用。它规定了链路层和物理层的协议，它将数据链路层分成逻辑链路控制（LLC）和介质存取控制（MAC）两个子层。MAC 中根据采用的 LAN 技术分为 CSMA/CD（IEEE802.3）、令牌总线（Token Bus 802.4）、令牌环（Token Ring 802.5）。物理层也分成两个子层次：介质存取单元（MAU）和传输载体（Carrier）。MAU 分为基带、载带和宽带传输；传输载体有双绞线、同轴电缆、光导纤维。LAN 的分层结构如图 2-24 所示。

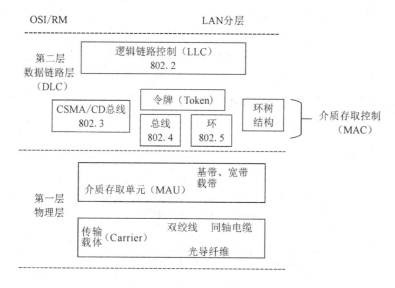

图 2-24　LAN 的分层结构

SIEMENS 公司开发的总线结构的 SINEC H1 工业局部网络可用来连接成 FMC 和 FMS。SINEC H1 基于以太网技术，其 MAC 子层采用 CSMA/CD（802.3），协议采用自行研制的自动化协议 SINEC AP1.0（Automation Protocol）。

为了将 SINUMERIK 850 系统连接至 SINEC H1 网络，可以在 850 系统中插入专用的 CP535 工厂总线接口板，通过 SINEC H1 网络，850 系统可以与主控计算机交换信息、传送零件程序、接受指令、传送各种状态信息等。主控计算机通过网络向 850 系统传送零件程序的过程如图 2-25 所示。

主控计算机送来的零件程序经工业局部网络到达 850 系统 PLC 区的 CP535 接口，再经专用接口功能模块处理，存入多口 RAM，然后由 COM 区将之存入 NC 零件程序的存储器中。

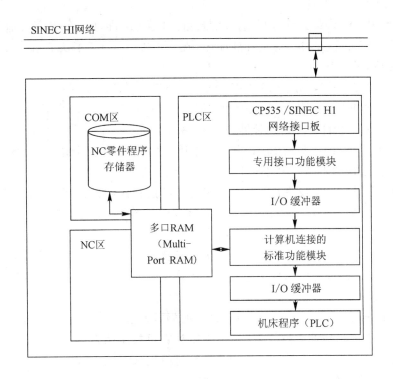

图 2 - 25　SINUMERIK 850 与 SINEC H1 网络的连接

SINEC AP1.0 协议中定义其数据交换的格式是"透明"方式,如图 2 - 26 所示。数据帧内容包括信息帧长度(2B)、标识段(8B)、差错编码(2B)及有效数据(最多 224B)。

SINEC H1规程起始段	SINEC AP1.0 报头	数据信息帧				SINEC H1规程结束段
		信息帧长度（2 B）	标识段（8 B）	差错编码（2 B）	有效数据（最多224B）	

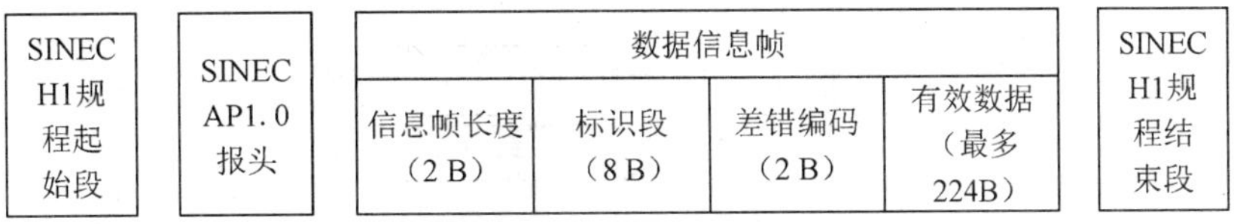

图 2 - 26　SINEC AP1.0 协议的帧格式

2.5　数控系统的软件结构

2.5.1　CNC 系统的软、硬件组合类型

CNC 系统由硬件和软件两大部分组成,硬件为软件的运行提供了一个支持环境,只有软件的正常运行才能执行 CNC 的各项任务。同一般计算机系统一样,由于软件和硬件在逻辑上是等价的,所以在 CNC 系统中,由硬件完成的工作原则上也可以由软件来完成。但是硬件和软件各有不同的特点。硬件处理速度较快,但造价较高;软件设计灵活,适应性强,但处理速度较慢。在 CNC 系统中,软件和硬件的分配比例是由性能价格比决定的。

CNC 系统中实时性要求最高的任务就是插补和位控，即在一个采样周期中必须完成控制策略的计算，而且还要留有一定的时间去做其他的事。CNC 系统的插补器既可面向软件也可面向硬件，归结起来，主要有以下三种类型：

（1）不用软件插补器，完全由硬件完成插补的 CNC 系统。

（2）由软件插补器完成粗插补，由硬件插补器完成精插补的 CNC 系统。

（3）带有完全用软件实施的插补器的 CNC 系统。

上述第一种 CNC 系统常用单 CPU 结构实现，它通常不存在实时速度问题。但由于插补方法受到硬件设计的限制，其柔性较差。

第二种 CNC 系统通常没有计算瓶颈，因为精确插补由硬件完成。刀具轨迹所需的插补由程序准备并使之参数化，程序的输出是描述曲线段的参数，例如起点、终点、速度、插补频率等，这些参数都作为硬件精插补器的输入。

第三种 CNC 系统需用快速计算机计算出刀具轨迹。具有多轴（坐标）控制的机床须要装备专用 CPU 的多微处理机结构来完成算术运算。位片式处理器和 I/O 处理器用来加速控制任务的完成。

实际上，在现代 CNC 系统中，软件和硬件的界面关系是不固定的。在早期的 NC 系统中，数控系统的全部工作都由硬件来完成，随着计算机技术的发展，特别是硬件成本的下降，计算机参与了数控系统的工作，构成了计算机数控（CNC）系统，但是这种参与的程度在不同的年代和不同的产品中是不一样的。如图 2-27 所示说明了三种典型的 CNC 装置中软、硬件的界面关系。

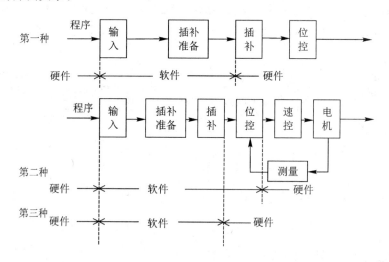

图 2-27　三种典型的 CNC 装置中软、硬件的界面关系

2.5.2　CNC 系统控制软件的结构特点

CNC 系统是一个专用的实时多任务计算机系统，在它的控制软件中融合了当今计算机软件技术中的许多先进技术，其中，最突出的是多任务并行处理和实时中断处理。

1. 多任务并行处理

1）CNC 系统的多任务性

CNC 装置的软件构成如图 2-28 所示，包括管理软件和控制软件两大部分。管理软件主要包括输入、I/O 处理、通信、显示和诊断。控制软件包括译码、刀具补偿、速度控制、插补控制和位置控制及开关量控制等功能。

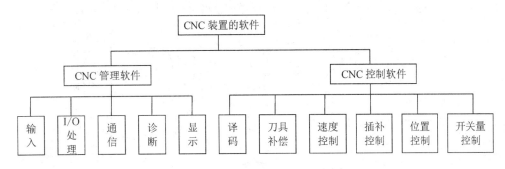

图 2 - 28 CNC 装置的软件构成

2）并行处理的概念

并行处理是指计算机在同一时刻或同一时间间隔内完成两种或两种以上性质相同或不同的工作。如图 2 - 29 所示为 CNC 系统的任务并行处理关系，双向箭头表示两个模块之间有并行处理关系。在许多情况下，CNC 的管理与控制工作必须同时进行，即并行处理。例如，加工控制时必须同步显示系统的有关状态，位置控制与 I/O 控制同步处理，并始终伴随着故障诊断、插补运算、预处理之间的并行处理。

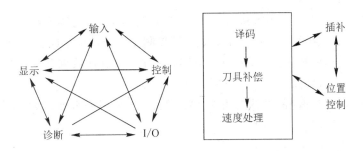

图 2 - 29 CNC 系统的任务并行处理图

并行处理最显著的优点是提高了运算速度。拿 n 位串行运算和 n 位并行运算来比较，在元件处理速度相同的情况下，后者的运算速度几乎提高为前者的 n 倍。这是一种资源重复的并行处理方法，它是根据"以数量取胜"的原则大幅度提高运算速度的。但是并行处理还不止于设备的简单重复，它还有更多的含义，如时间重叠和资源共享。

3）资源分时共享

在单 CPU 的 CNC 系统中，主要采用 CPU 分时共享的原则来解决多任务的同时运行。一般来讲，在使用分时共享并行处理的计算机系统中，首先要解决的问题是各任务占用 CPU 时间的分配原则，这里面有两方面的含义：其一是各任务何时占用 CPU；其二是允许各任务占用 CPU 的时间长短。

在 CNC 系统中，对各任务使用 CPU 的分配问题是用循环轮流和中断优先相结合的方法来解决的。如图 2 - 30 所示是一个典型的 CNC 系统各任务分时共享 CPU 的时间分配图。

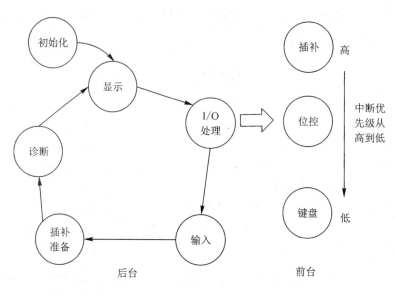

图 2-30　CPU 分时共享图

系统在完成初始化以后自动进入时间分配环中，在环中依次轮流处理各任务。而对于系统中一些实时性很强的任务则按优先级排队，分别放在不同的中断优先级上，环外的任务可以随时中断环内各任务的执行。

4）资源重叠流水处理

当 CNC 系统处在 NC 工作方式时，其数据的转换过程将由零件程序输入、插补准备（包括译码、刀具补偿和速度处理）、插补、位置控制 4 个子过程组成。

如果以顺序方式处理每个零件程序段，即第一个零件程序段处理完以后再处理第二个程序段，依此类推，这种顺序处理的时间、空间关系如图 2-31(a)所示，可见输出之间有一定的间隔。消除这种间隔的方法是用流水处理技术，采用流水处理后的时间、空间关系如图 2-31(b)所示。

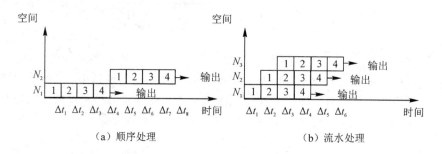

（a）顺序处理　　　　　　　　　（b）流水处理

图 2-31　资源重叠流水处理

2. 前、后台处理的软件结构

CNC 系统的软件结构一般有两种不同的形式，即前、后台处理的软件结构和中断处理的软件结构。前、后台型的软件结构形式通常用于单微处理器结构，对实时性要求高的程序放在前台执行，实时性要求低的程序由后台程序完成。前台程序一般为中断程序，几乎承担全部的实时功能，这些功能与机床的运动密切相关，例如位置控制、插补、辅助功能处理等。后台程序又叫背景程序，主要包括输入、译码、插补准备、管理等。背景程序是一个循环程序，在其运行过程中实时中断程序不断插入。前、后台程序相互配合完成加工任务，如图 2-32 所示，程序启动后，运行完初始化程序即进入背景程序循环，同时开放定时中断，每隔一固定时间间隔发生一次定时中断，执行一次中断服务程序。

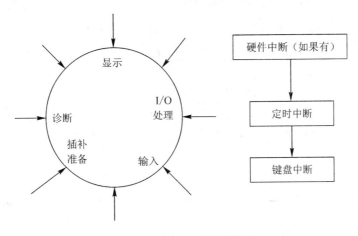

图 2-32　前、后台软件结构

3.实时中断处理

CNC 系统控制软件的另一个重要特征是实时中断处理。CNC 系统的多任务性和实时性决定了系统中断成为整个系统必不可少的重要组成部分。CNC 系统的中断管理主要靠硬件完成，而系统的中断结构决定了系统软件的结构，其中断类型有外部中断、内部定时中断、硬件故障中断以及程序性中断等。

1）外部中断

外部中断主要有纸带光电阅读机读孔中断、外部监控中断（如紧急停、测量仪到位等）和键盘操作面板输入中断。前两种中断的实时性要求很高，通常把这两种中断放在较高的优先级上，而键盘和操作面板输入中断则放在较低的中断优先级上。

2）内部定时中断

内部定时中断主要有插补周期定时中断和位置采样定时中断。在有些系统中，这两种定时中断合二为一。但在处理时，总是先处理位置控制，然后再处理插补运算。

3）硬件故障中断

硬件故障中断是各种硬件故障检测装置发出的中断，如存储器出错、定时器出错、插补运算超时等。

4）程序性中断

程序性中断是程序中出现的各种异常情况的报警中断，如各种溢出、清零等。

中断程序的执行没有前、后台之分，但在执行过程中有优先级之分。通常按照控制模块不同的实时性要求，控制程序被安排成不同级别的中断服务程序。当系统接收到两个或两个以上的中断服务请求时，首先执行优先级比较高的中断服务程序，接着执行优先级低的中断服务程序，按事先安排的优先级依次执行。表 2-4 为典型的中断型软件结构优先级，将控制程序分为 8 级中断程序。其中，7 级中断级别最高，0 级中断级别最低。位置控制被安排在级别较高的中断程序中，其原因是刀具运动的实时性要求最高，CNC 装置必须提供及时的服务。CRT 显示级别最低，在不发生其他中断的情况下才进行显示。

表 2-4　中断型软件结构优先级

中断级别	主 要 功 能	中 断 源
0	控制 CRT 显示	硬件
1	译码、刀具中心轨迹计算、显示处理	软件，16 ms
2	键盘监控、I/O 信号处理、穿孔机控制	软件，16 ms
3	外部操作面板、电传打字机处理	硬件
4	插补计算、终点判别及转段处理	软件，8 ms
5	阅读及中断	硬件
6	位置控制	4 ms 硬件时钟
7	测试	硬件

2.6　数控机床用可编程序控制器

2.6.1　可编程序控制器的组成

1. PLC 的硬件

如图 2-33 所示为一个小型 PLC 的内部结构示意图，它由中央处理器(CPU)、存储器、输入/输出模块、编程器、电源和外部设备等组成，并且内部通过总线相连。

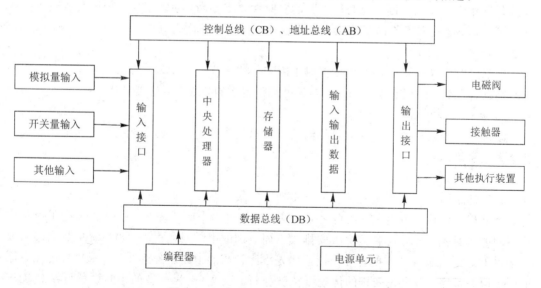

图 2-33　小型 PLC 的内部结构示意图

1) 中央处理单元(CPU)

中央处理单元是 PLC 的主要部分，是系统的核心。它通过输入模块将现场的外设状态读入，并按用户程序去处理，然后将结果通过输出模块去控制外部设备。

PLC 常用的中央处理单元为通用微处理器、单片机或位微处理器。

2）存储器

在可编程序控制器系统中，存储器主要用于存放系统程序、用户程序和工作数据。

系统程序是指控制和完成 PLC 各种功能的程序，包括监控程序、模块化应用功能子程序、指令解释程序、故障自诊断程序和各种管理程序等，在出厂时由制造厂家固化在 PROM 上，用户不能访问和修改。

3）输入/输出模块

输入/输出模块是 PLC 内部与外部设备的连接部件，它一方面将现场信号转换成标准的逻辑电平信号，另一方面将 PLC 内部逻辑电平信号转换成外部执行元件所要求的信号。

常用的 PLC 输入/输出接口分为开关量（包括数字量）和模拟量 I/O 两类。典型的模块有：直流开关量输入模块、直流开关量输出模块、交流开关量输入模块、交流开关量输出模块、继电器输出模块、模拟量输入模块和模拟量输出模块。

4）编程器

PLC 的编程器是用来开发、调试、运行应用程序的特殊工具，一般由键盘、显示屏、智能处理器、外部设备等组成，通过通信接口与 PLC 相连。

PLC 的编程器可分为两种：手持式编程器和高功能编程器。

5）电源

电源单元的作用是将外部提供的交流电转换为可编程序控制器内部所需的直流电源，有的 PLC 还提供 DC24V 输出。PLC 的内部电源一般要求有三路输出，一路供给 CPU 模块，一路供给编程器接口，还有一路供给各种接口模块。对电源单元的要求是很高的，不但要求具有较好的电磁兼容性能，而且还要求工作稳定，并有过电流和过电压保护功能。

2. PLC 的软件

PLC 的基本软件包括系统软件和用户应用软件。系统软件决定了 PLC 的功能，PLC 的硬件通过基本软件实现对被控对象的控制。系统软件一般包括操作系统、语言编译系统、各种功能软件等。

2.6.2　可编程序控制器的工作过程

PLC 内部一般采用循环扫描的工作方式，在大、中型 PLC 中还增加了中断工作方式。当用户将应用软件设计、调试完成后，用编程器写入 PLC 的用户程序存储器中，并将现场的输入信号和被控制的执行元件相应地连接在输入模块的输入端和输出模块的输出端上，然后通过 PLC 的控制开关使其处于运行工作方式下，接着 PLC 就以循环顺序扫描的方式进行工作。在输入信号和用户程序的控制下，产生相应的输出信号，完成预定的控制任务。

典型的 PLC 循环顺序扫描工作流程如图 2-34 所示，可以看出，它在一个扫描周期中要完成六个扫描过程。在系统软件的指挥下，流程顺序地执行，这种工作方式称为顺序扫描方式。从扫描过程中的某个扫描过程开始，顺序扫描后又回到该过程称为一个扫描周期。

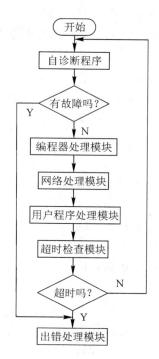

图 2-34 典型的 PLC 循环顺序扫描工作流程图

PLC 循环扫描过程包括以下六个方面：

（1）自诊断扫描过程；

（2）与编程器信息交换扫描过程；

（3）与网络信息交换扫描过程；

（4）用户程序扫描过程（如图 2-35 所示）；

（5）超时检查扫描过程；

（6）出错显示、停机扫描过程。

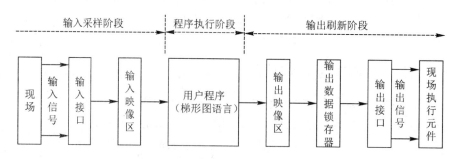

图 2-35 PLC 用户程序的扫描过程

2.6.3 可编程序控制器的特点

可编程序控制器的主要特点如下：

（1）可靠性高，抗干扰能力强。PLC 一般用在工业控制领域，可靠性好、抗干扰能力强是它的重要特点，其平均无故障时间间隔（MTBF）可达几十万小时。PLC 在软、硬件方面都采取了提高可靠性的措施。在硬件方面，PLC 在微处理器和 I/O 电路之间采用光电隔离措施，能有效地抑制外部干扰。同时，对供电系统进行多种形式的滤波，可以抑制高频干扰。在软件方面，PLC 设置故障检测与诊断程序和状态信息保护功能，当软件发生故障时，立即把现状态的重要信息存入指定存储器，禁止对存储器进行读、写操作，外部正常后，再恢复到故障前状态，继续原来的程序工作。

（2）编程简单，使用方便。PLC 编程一般采用梯形图，这种面向生产的编程方式很容易为电气工程技术人员掌握。

（3）灵活性好。首先，PLC 的硬件一般采用模块化结构，可以进行比较灵活的组合，以适应不同控制对象的要求，为系统的组合带来极大的方便；其次，PLC 由软件编程实现硬件的功能，当控制功能发生改变时，有时只需对软件梯形图进行修改就可以满足控制要求，功能易于扩展。

（4）体积小，重量轻，功耗低。PLC 结构紧密、坚固，体积小巧，功耗低，具备很强的抗干扰能力，容易嵌入生产设备内部。

（5）便于实现机电一体化，控制系统的设计、安装、调试和维护方便。PLC 采用软件编程代替了传统继电器控制电路里的中间继电器、时间继电器等，使得系统硬件的连接较少，安装工作量大大减小，现场调试方便、快捷、安全、高效。

（6）利用其通信网络功能可实现计算机网络控制。当前在工业控制领域中应用的各种PLC 均带有网络通信接口，可以很方便地组成计算机网络控制系统，实现各 PLC 之间的网络通信以及和上级计算机之间的信息反馈与指令发送，监控工业现场各控制器件的工作状态等。

总之，PLC 技术代表了当前电气程序控制的先进水平，PLC 与数控技术和工业机器人已成为机械工业自动化的三大支柱。

2.6.4　数控系统中 PLC 的类型

1. 内装型 PLC

内装型 PLC 是指 PLC 包含在数控（CNC）系统中，它从属于 CNC，并与 CNC 装置装在一起，成为集成化的不可分割的一部分。PLC 与 CNC 间的信号传送在 CNC 装置内部实现，PLC 与数控机床之间的信号传送则通过 CNC 输入/输出接口电路实现，如图 2-36 所示。

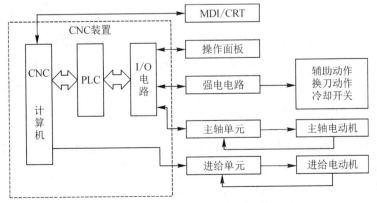

图 2-36　内装型 PLC 的 CNC 系统框图

它与独立型 PLC 相比具有如下特点：

（1）内装型 PLC 的性能指标由所从属的 CNC 系统的性能、规格来确定。

（2）内装型 PLC 有与 CNC 共用微处理器和具有专用微处理器两种类型。

（3）内装型 PLC 与 CNC 其他电路通常装在一个机箱内，共用一个电源和地线。

（4）内装型 PLC 的硬件电路可与 CNC 其他电路制作在同一块印制电路板上，也可以单独制成附加印制电路板，供用户选择。

（5）内装型 PLC 对外没有单独配置的输入/输出电路，而使用 CNC 系统本身的输入/输出电路。

（6）采用 PLC 不仅扩大了 CNC 内部直接处理的窗口通信功能，可以使用梯形图编辑和传送高级控制功能，而且造价低，提高了 CNC 的性能价格比。

2. 独立型 PLC

独立型 PLC 是完全独立于 CNC 装置，具有完备的硬件和软件功能，能够独立完成规定控制任务的装置，如图 2 - 37 所示。

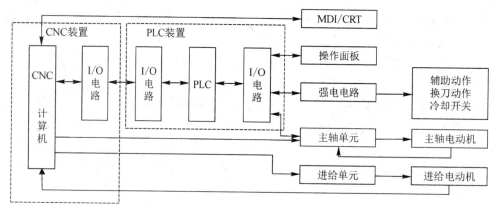

图 2 - 37　独立型 PLC 的 CNC 系统框图

独立型 PLC 具有以下特点：

（1）根据数控机床对控制功能的要求可以灵活选购或自行开发通用型 PLC。

（2）要进行 PLC 与 CNC 装置的 I/O 连接，PLC 与机床侧的 I/O 连接。

（3）可以扩大 CNC 的控制功能。

（4）在性能价格比上不如内装型 PLC。

总的来看，单微处理器的 CNC 系统多数采用内装型 PLC，而独立型 PLC 主要用在具有较强的数据处理、通信和诊断功能的多微处理器的 CNC 系统、FMC、FMS、FA、CIMS 中，成为 CNC 系统与上级计算机联网的重要设备。单机 CNC 系统中的内装型和独立型 PLC 的作用是一样的，主要是协助 CNC 装置实现刀具轨迹的控制和机床顺序的控制。

2.6.5　数控机床中 PLC 控制功能的实现

本节以 FANUC 系统为例，介绍数控机床中 PLC 的主要指令及其应用案例。

1. 程序结束时指令

1）第一级程序结束指令 END1

END1 的格式如图 2 - 38 所示。第一级程序每隔 8 ms 读取一次，主要处理系统急停、超程、进给暂停等紧急动作。由于第一级程序过长将会延长 PMC 的整个扫描周期，所以第一级程序不宜过长。当不使用第一级程序时，必须在 PMC 程序开头指定 END1，否则 PMC 程序将无法正常运行。

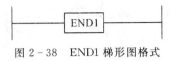

图 2-38　END1 梯形图格式

2）第二级程序结束指令 END2

第二级程序用来编写普通的顺序程序，如系统就绪、运行方式切换、手动进给、手轮进给、自动运行、辅助功能(M、S、T 功能)控制、调用子程序及信息显示控制等顺序程序。通常第二级的步数较多，在一个 8 ms 内不能全部处理完(每个 8 ms 内都包括第一级程序)，所以在每个 8 ms 中顺序执行第二级的一部分，直至执行第二级的程序结束(读取 END2)。在第二级程序中，因为有同步输入信号存储器，所以输入脉冲信号的信号宽度应大于 PMC 的扫描周期，否则顺序程序会出现误动作。

3）程序结束指令 END

将重复执行的处理和模块化的程序作为子程序登录，然后用 CALL 或 CALLU 命令由第二级程序调用，包含子程序 PMC 的梯形图的最后必须用 END 指令结束。

图 2-39 为某一数控立式加工中心应用 PMC 程序结束指令的具体例子。

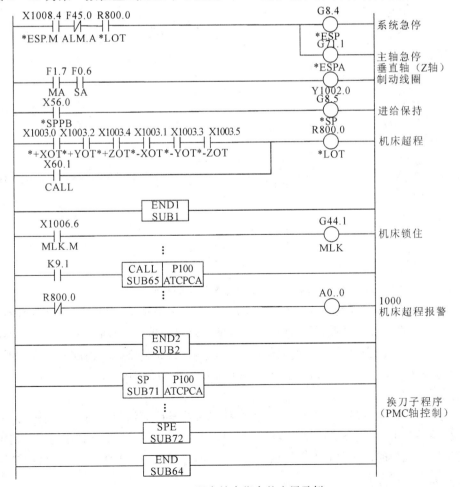

图 2-39　程序结束指令的应用示例

2. 定时器指令

在数控机床梯形图的编制中，定时器是不可缺少的指令，用于程序中需要与时间建立逻辑关系的场合，其功能相当于一种通常的定时继电器（延时继电器）。FANUC 系统中 PMC 的定时器按时间设定形式不同，可分为可变定时器（TMR）和固定定时器（TMRB）两种。

TMR 定时器的定时时间可通过 PMC 参数进行修改。定时器号：PMC-SA3 为 1～40 号。其中，1 号～8 号的最小单位为 48 ms（最大为 1572.8 s）；9 号以后的最小单位为 8 ms（最大为 262.1 s）。定时器的时间在 PMC 参数中设定（每个定时器占两个字节，以十进制数直接设定）。

图 2-40 为某数控机床利用定时器实现机床报警灯闪烁的例子。

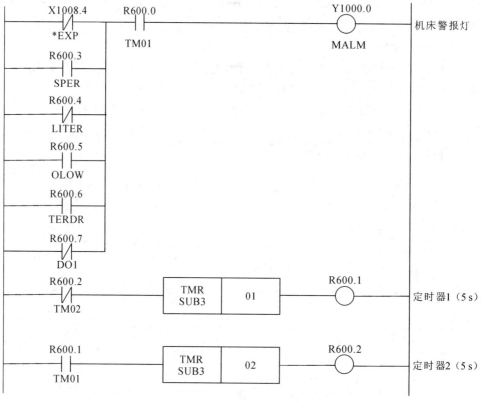

图 2-40　机床报警灯闪烁示例

图 2-40 中 X1008.4 为机床急停报警，R600.3 为主轴报警，R600.4 为机床超程报警，R600.5 为润滑系统油面过低报警，R600.6 为自动换刀装置故障报警，R600.7 为自动加工中机床的防护门打开报警。当上面的任何一个报警信号输入时，机床报警灯（Y1000.0）都闪亮（间隔时间为 5 s）。通过 PMC 参数的定时器设定界面分别输入定时器 T01、T02 的时间设定值（5000 ms）。

在梯形图中设定 TMRB 的时间，在指令和定时器号后面加上一项预设定的时间参数，与顺序程序一起被写入 FROM 中，定时器的时间参数不能用 PMC 参数改写。固定定时器一般用于机床固定时间延时，不需要用户修改时间，如机床换刀动作时间、机床自动润滑时间的固定定时器等。

3. 计数器指令

计数器的主要功能是进行计数，可以是加计数，也可以是减计数。由 PMC 的参数设定计数器的预置值形式是 BCD 代码还是二进制形式。计数器可以实现自动计数加工工件的件数，也可作为分度工作台的自动分度控制及加工中心自动换刀装置中的换刀位置自动检测控制等。

图 2-41 为利用计数器实现自动加工工件计数的例子。

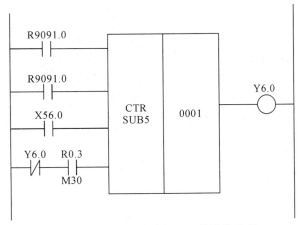

图 2-41　计数器自动加工工件计数示例

其中，R9091.0 为逻辑 0，X56.0 为机床面板加工件数的复位开关，Y6.0 为机床加工结束灯，R0.3 为加工程序结束信号（M30）。计数器的初始值 CN0 为 0（逻辑 0 指定），即加工件数从 0 开始计数。加/减计数形式 UP/DOWN 为 0（逻辑 0 指定），即指定计数器为加计数。通过 PMC 参数界面设定计数器 1 的预置值为 100（即加工 100 件）。每加工一个工件，通过加工程序结束指令 M30（R0.3）进行计数器加 1 累计，当加工到 100 件时，计数器的预置值累计到 100，计数器 Y6.0 为 1，通知加工结束，并通过 Y6.0 的常闭点切断计数器的计数控制。如果重新计数，可以通过机床面板的复位开关 X56.0 进行复位，当 X56.0 为 1 时，计数器输出 Y6.0 变成 0，计数器重新计数。

4. 比较指令

比较指令用于比较基准值与实际值的大小，主要用于数控机床编程的 T 码与实际刀号的比较。PMC 的比较指令分为 BCD 比较指令 COMP 和二进制比较指令 COMPB。

图 2-42 为某数控车床自动换刀（6 工位）的 T 码检测 PMC 控制梯形图。

当加工程序中的 T 码大于或等于 7 时，R601.0 为 1，并发出 T 码错误报警。其中，F7.3 为 T 码选通信号，F26 为系统 T 码输出信号的地址。

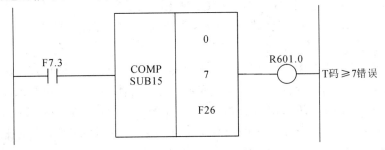

图 2-42　比较指令示例

5. 数控机床润滑系统的 PMC 控制

数控机床润滑系统的电气控制要求如下：

（1）首次开机时，自动润滑 15 s（2.5 s 打油、2.5 s 关闭）。

（2）机床运行时，达到间隔润滑时间（如 20 min）自动润滑一次，而且润滑间隔时间可以由用户进行调整（通过 PMC 参数）。

（3）加工过程中，操作者根据实际需要还可以进行手动润滑（通过机床操作面板的润滑手动开关控制）。

（4）润滑泵电动机具有过载保护，当出现过载时，系统要有相应的报警信息。

（5）当润滑油箱油面低于极限时，系统要有报警提示（此时机床可以运行）。

润滑系统的电气控制原理图和 PMC 的输入/输出信号接口如图 2-43 所示。QF7 为润滑泵电动机的空气断路器辅助常开触点，实现电动机的短路与过载保护，通过系统 PMC 控制输出继电器 KA6，继电器 KA6 控制接触器 KM6 线圈，从而实现机床润滑的自动控制。

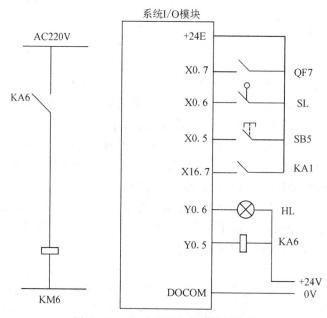

图 2-43　润滑系统的电气控制线路

系统 PMC 的输入/输出信号中，QF7 为空气断路器辅助常开触点，作为润滑泵过载与短路保护的输入信号；SL 为润滑系统的油面检测开关（润滑油面下限位开关），作为系统润滑油过低报警提示的输入信号；SB5 为数控机床面板上的手动润滑开关，作为系统手动润滑的输入信号；KA1 为机床就绪继电器的常开触点，作为系统机床就绪的输入信号；HL 为机床润滑报警灯的输入信号。

润滑系统的 PMC 控制梯形图如图 2-44 所示。机床自动润滑时间和每次润滑的间歇时间不需要用户修改，所以系统 PMC 采用固定时间定时器 12、13 来控制每次润滑的间歇时间（2.5 s 打油、2.5 s 关闭），固定定时器 14 用来控制自动运行时的润滑时间（15 s），固定定时器 15 用来控制机床首次开机的润滑时间（15 s）。根据机床的实际加工情况不同，用户有时需要调整自动润滑的间隔时间，所以自动润滑的间隔时间控制采用可变定时器，且采用两个可变定时器(TMR01 和 TMR02)的串联来扩大定时的时间,用户可通过 PMC 参数界面中的定时器界面进行设定或修改自动润滑的时间间隔。

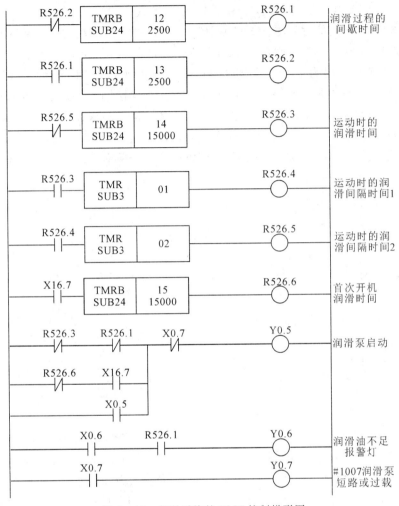

图 2 - 44 润滑系统的 PMC 控制梯形图

当机床首次开机时,机床准备就绪信号 X16.7 为 1,启动机床润滑泵电动机(Y0.5 输出),同时启动固定定时器 15,机床自动润滑 15 s(2.5 s 打油、2.5 s 关闭)后,固定定时器 15 的延时断开常闭触点 R526.6 切断自动润滑回路,机床停止润滑,从而完成机床首次开机的自动润滑操作。机床运行过程中,经过可变定时器 TMR01 和 TMR02 设定的延时时间后,机床自动润滑一次,润滑的时间由固定定时器 14 设定(15 s),通过固定定时器 14 的延时断开常闭触点 R526.3 切断运行润滑控制回路,从而完成一次机床运行时润滑的自动控制,机床周而复始地进行润滑。当润滑系统出现过载或短路故障时,通过输入信号 X0.7 切断润滑泵输出信号 Y0.5,并发出润滑系统报警信息(♯1007:润滑系统故障)。

当润滑系统的油面下降到极限位置时,机床润滑系统的报警灯闪亮,提示操作者需加润滑油。

6. M 功能的实现

M 功能也称辅助功能,其代码用字母"M"后跟随 2 位数字表示。根据 M 代码的编程,可以控制主轴的正、反转及停止，主轴齿轮箱的变速，冷却液的开关，卡盘的夹紧和松开以及自动换刀装置的取刀和还刀等。

下面我们以 FANUC 系统为例，介绍数控机床 M 代码的实现过程。

图 2-45 为 M 代码的时序图。当 CNC 读到加工程序的 M 代码时，需要输出 M 代码信息，其输出地址为 F10～F13，这是一组 4 字节的二进制码。例如，当指令主轴正转 M03 时，上述 4 字节的数据为：F10 = 00000011，F11 = 00000000，F12 = 00000000，F13 = 00000000。当 CNC 读到加工程序中有 M 代码时，会将 M 代码的选通信号 MF(F7.0)接通，PMC 此时需要对读到的 M 代码进行译码并执行相应的操作。M 代码执行完成后，PMC 将复制功能完成信号 FIN(G4.3)送至 CNC 系统，系统切断 M 代码的选通信号及 M 代码的指令输出信号，加工程序继续执行并准备读取下一条 M 代码的指令信息。

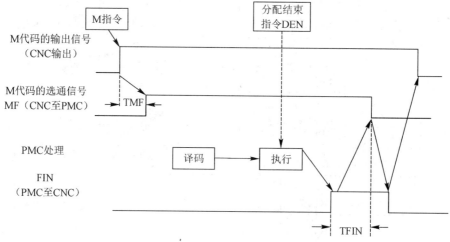

图 2-45　M 代码的时序图

从图 2-45 可以看出，M 代码的执行过程需要 PMC 完成译码、执行及一些辅助功能。数控机床在-执行加工程序中规定的 M、S、T 功能时，CNC 装置以 BCD 或二进制代码的形式输出 M、S、T 代码信号，这些信号需要经过译码才能从 BCD 或二进制状态转换成具有特定功能含义的一位逻辑状态。根据译码形式的不同，PMC 译码指令分为 BCD 译码指令 DEC 和二进制译码指令 DECB，下面分别进行介绍。

1) DEC 指令

DEC 指令的功能是：当 2 位 BCD 码与给定的值一致时，输出 1；不一致时，输出 0。一条 DEC 指令只能译一条 M 代码。图 2-46 为 DEC 指令的译码格式。其中，ACT 为控制条件，当其为 1 时，执行译码指令，反之则不执行译码指令。译码数据地址用来指定包含 2 位 BCD 码信号的地址，对 M 代码来说，系统固定为 F10。译码指令包括译码数值 nn 和译码

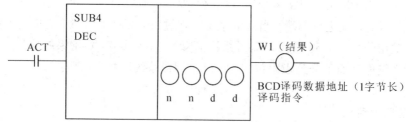

图 2-46　DEC 指令的译码格式

参数 dd 两部分。译码数值为要译码的 2 位 BCD 数，译码参数代表译码位数，其可选值为 01、10 或 11，分别代表译码时只译低四位、只译高四位和高低位都译。译码结果输出 W1，当指定译码地址的译码数值和要求的译码数值相等时为 1，否则为 0。下面以 M03(R0003. 3)、M04(R0003.4)、M05R(0003.5)为例，说明译码指令的应用。如图 2-47 所示为译码程序。

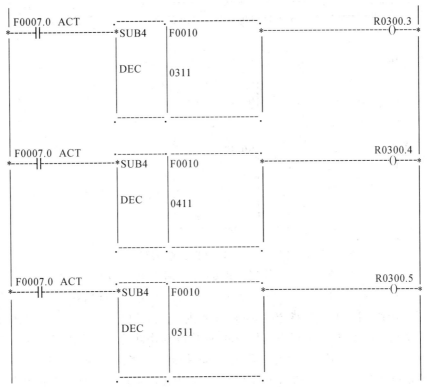

图 2-47　M 代码的译码程序

当加工程序执行到 M03、M04、M05 时，F7.0 接通，执行相应的译码指令，R300.3、R300.4、R300.5 分别为 1，从而实现主轴的正转、反转和停止。

2）DECB 指令

该指令可以对 1 字节、2 字节或 4 字节的二进制进行译码，所指定的 8 位连续数据之一与代码数据相同时，对应的输出为 1。一条 DECB 指令可以对 8 个连续的 M 代码进行译码，其指令格式如图 2-48 所示。其中，ACT 为执行条件，作用同 DEC 指令中的一致。格式指令 nn 为连续译码个数的设定，当 nn 为 00 或 01 时，对连续的 8 个数值进行译码；当 nn 为 02～99 时，对连续的 nn×8 个数值进行译码。d 代表译码数据的字节长度，可以为

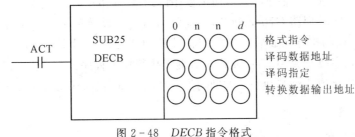

图 2-48　DECB 指令格式

1、2或者4。译码数据地址为给定的存储代码数据的起始地址,对 M 代码为 F10~F13。译码指定为指定译码的 8 个连续数值中的第一个。转换数据输出地址为给定的一个输出译码结果的地址。

同样对 M03、M04、M05 进行译码,用 DECB 指令进行译码的程序段如图 2-49 所示。

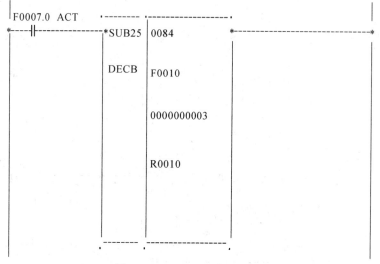

图 2-49　DECB 指令的译码

DECB 指令一共可译出 8 组 M 代码,共 64 个,M 代码的译码为 M03~M66,分别将译码结果存储在 R10.0~R17.7 对应的状态位中,译码指令执行后,若程序读到 M03 指令,则 R10.0 接通;读到 M04 指令时,R10.1 接通;读到 M05 指令时,R10.2 接通。

译码完成后,需要 PLC 编程完成相应的 M 代码动作功能,下面以 FANUC 串行主轴正、反转为例进行说明。串行主轴在进行正、反转控制时,当执行 M03、M04 指令时,需要接通正、反转控制信号 G70.5 和 G70.4。图 2-50 为控制主轴正转及停止的程序段。

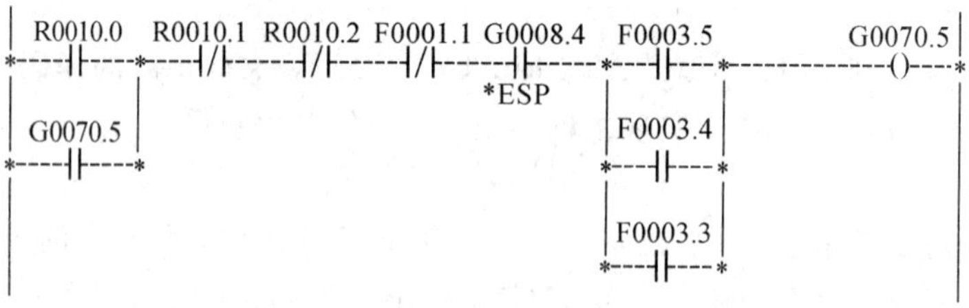

图 2-50　主轴正转及停止的 PLC 程序控制

在自动方式(F3.5)、DNC 方式(F3.4)或 MDI 方式(F3.3)下,当 CNC 装置读到 M03 指令,并且 PLC 译码完成后,R10.0 接通,将串行主轴正转信号 G70.5 接通,主轴进入正转状态,同时信号自锁,主轴正转。当加工程序读到 M05 指令时,译码结果使得 R10.2 接通,其常闭点使得正转回路 G70.5 断开,主轴停止正转。反转控制的程序与正转类似。

当相应的 M 代码执行完成后,PLC 需将辅助功能完成信号 FIN(G4.3)送至 CNC 系统,以便于加工程序执行完相应的 M 代码后继续执行加工程序。若系统不能得到正确的完成信号,加工程序将停止继续执行。辅助功能完成的 PLC 程序通常如图 2-51 所示,它采用固定格式。

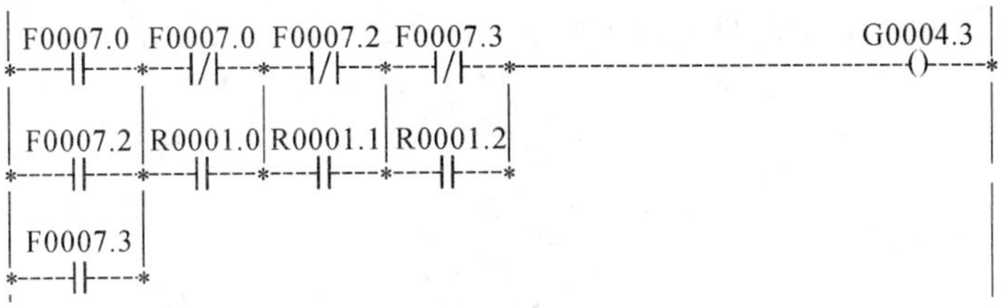

F0007.0
F0007.0
F0007.2
F0007.3
G0004.3
F0007.2
R0001.0
R0001.1
R0001.2
F0007.3

图 2－51　辅助功能完成的 PLC 控制程序

图 2－51 所示的程序中，F7.0、F7.2、F7.3 分别为 M、S、T 功能的选通信号，R1.0、R1.1、R1.2 分别为 M、S、T 功能的完成信号。对主轴正、反转的 M 代码完成控制，只需在上述程序的基础上，添加完成信号程序段，如图 2－52 所示。

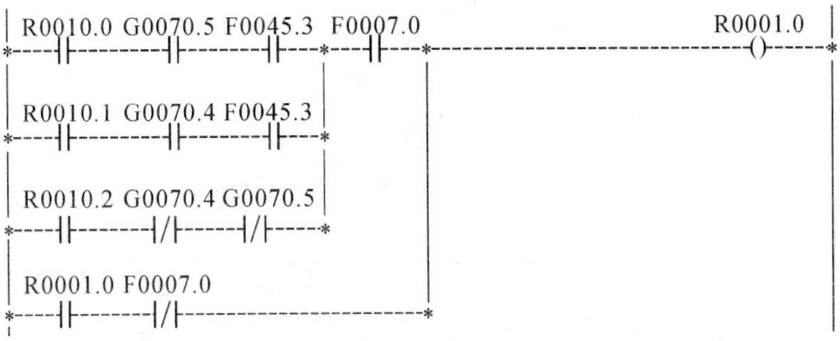

R0010.0
G0070.5
F0045.3
F0007.0
R0001.0
R0010.1
G0070.4
F0045.3
R0010.2
G0070.4
G0070.5
R0001.0
F0007.0

图 2－52　M03、M04、M05 代码的完成程序

以 M03 代码完成为例，当译码 R10.0 接通，正转信号 G70.5 接通，并且主轴速度到达信号 F45.3 接通时，即可认为 M03 代码执行完成，使得 R1.0 接通。同样，当译码 R10.2 接通，且主轴正转信号 G70.4、反转信号 G70.5 断开时，即主轴既不正转也不反转时，可以认为 M05 代码执行完成。其他类似 M 代码的完成，均在上述程序段中进行添加即可。

7. S 功能的实现

S 功能主要完成对主轴转速的控制，常用 S2 位代码形式和 S4 位代码形式来进行编程。所谓 S2 位代码编程，是指 S 代码后跟随 2 位十进制数字来指定主轴转速，共有 100 级（S00～S99）分度，并且按等比级数递增，其公比为 1.12，即相邻分度的后一级速度比前一级速度增加约为 12%。这样根据主轴转速的上、下限和上述等比关系就可以获得一个 S2 位代码与主轴转速（BCD 码）的对应表格，它用于 S2 位代码的译码。

如图 2－53 所示为 S2 位代码在 PLC 中的处理框图，图中编译 S 代码和数据转换实际上就是针对 S2 位代码查出主轴转速的大小，然后将其转换成二进制数，并经上、下限幅处理后，将得到的数字量进行 D/A 转换，输出一个 0～10V 或 0～5V 或－10～＋10V 的直流控制电压给主轴伺服系统或主轴变频器，从而保证主轴按要求的速度进行旋转。

PLC
数控装置
电平转换
编译转速代码
数据转换
进制转换
限幅处理
D/A 转换
主轴控制

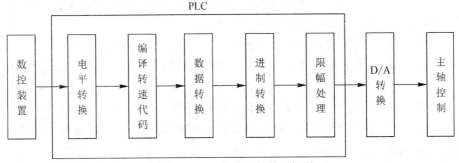

图 2－53　S2 位代码的处理框图

S4 位代码编程的 S 功能软件流程如图 2-54 所示。

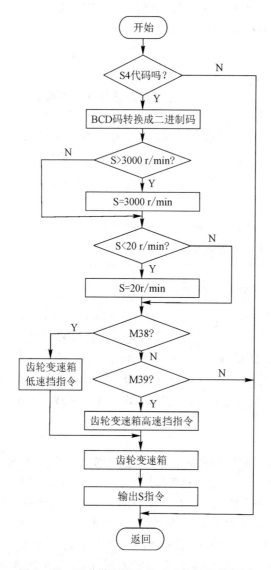

图 2-54　S4 位代码编程的 S 功能软件流程图

8. T 功能的实现

T 功能即为刀具功能，T 代码后跟随 2~5 位数字表示要求的刀具号和刀具补偿号。数控机床根据 T 代码通过 PLC 可以管理刀库、自动更换刀具，也就是说根据刀具和刀具座的编号，可以简便、可靠地进行选刀和换刀控制。

根据取刀、还刀位置是否固定，可将换刀功能分为随机存取换刀控制和固定存取换刀控制。在随机存取换刀控制中，取刀和还刀与刀具座的编号无关，还刀位置是随机变动的。

如图 2-55 所示为采用固定存取换刀控制方式的 T 功能处理框图。数控加工程序中有关 T 代码的指令经译码处理后，由 CNC 系统的控制软件将有关信息传送给 PLC，在 PLC 中进一步经过译码，并在刀具数据表内检索，找到 T 代码指定刀号对应的刀具编号（即地址），然后与目前使用的刀号相比较。如果相同，则说明 T 代码所指定的刀具就是目前正在使用的刀具，不必再进行换刀操作，返回原入口处。若不相同，则要求进行更换刀具操作，即首先将主轴上的现行刀具归还到它自己的固定刀座号上，然后回转刀库，直至找到新的刀具位置为止，最后取出所需刀具装在刀架上。至此就完成了整个换刀过程。

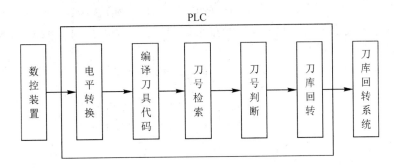

图 2-55　T 功能处理框图

T 功能处理的软件流程如图 2-56 所示。

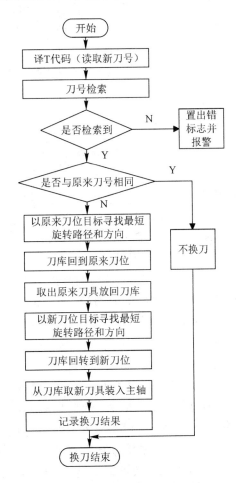

图 2-56　T 功能处理的软件流程图

数控车床中应用最多的是转塔式刀架（又称电动刀架）。转塔式刀架是用转塔头刀座安装或夹持各种不同用途的刀具，通过转塔的旋转分度定位来实现机床的换刀动作。下面以

BWD40-1电动刀架为例，分析数控车床自动换刀的 PMC 控制过程（采用 FANUC 0i-TB）。该电动刀架为 6 工位，采用蜗杆蜗轮传动，定位销进行粗定位，端齿啮合进行精定位。通过电动机正转实现松开刀塔并进行分度，电动机反转进行锁紧并定位，电动机的正、反转由接触器 KM3、KM4 进行控制，刀塔的松开和锁紧靠微动行程开关 SQ 进行检测，电动刀塔的分度由安装在刀塔主轴后端的角度编码器进行检测和控制。电路及 I/O 接线图如图 2-57 所示。

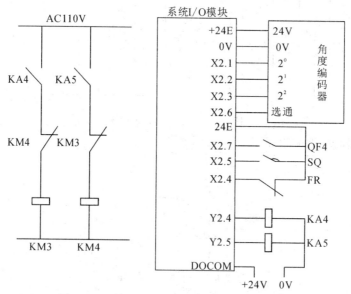

图 2-57 数控机床电动刀塔的电气控制线路

电动刀塔的 PMC 控制要求为：机床接收到换刀指令（程序的 T 代码）后，转塔电动机正转进行松开并分度控制，分度过程中要有转位时间检测，检测时间设定为 10 s，即若每次分度时间超过 10 s，系统就发出转塔分度故障报警。转塔进行分度并到位后，通过电动机反转进行转塔的锁紧和定位控制。为了防止反转时间过长导致电动机过热，要求转塔电动机反转的时间不得超过 0.7 s。在转塔电动机正、反转的控制过程中，还要求有正转停止的延时时间控制和反转开始的延时时间控制。自动换刀指令执行后，要进行转塔锁紧到位信号的检测，只有检测到该信号，才能完成 T 码功能。自动换刀过程中要求有电动机过载、短路及温度过高保护功能，并有相应的报警信息显示。在自动运行中，当程序的 T 码错误时也要有相应的报警信息显示。

图 2-58 为 SSCK-20 数控车床电动刀塔的 PMC 控制梯形图。其中，X2.1、X2.2、X2.3 为角度编码器的实际刀号检测输入信号地址，X2.6 为角度编码器的位置选通输入信号（每次转到位就接通）地址。通过常数定义指令（NUME）把转塔当前实际位置的刀号写入地址 D302 中。通过判别指令（COIN）和比较指令（COMP）将 T 码与数字 0 和数字 7 进行比较，如果程序的 T 码为 0 或大于等于 7，系统要有 T 码错误报警的信息显示，同时停止转塔分度指令的输出。当程序指令的 T 码与转塔实际刀号不一致时，系统发出转塔分度指令（继电器 R0.3 为 1），转塔电动机正转（输出继电器 Y2.4 为 1），通过蜗杆蜗轮传动松开锁紧凸轮，凸轮带动刀盘转位，同时角度编码器发出转位信号（X2.1、X2.2、X2.3）。当转塔转到换刀位置时，系统判别一致指令（COIN）信号 R0.0 为 1，发出转塔分度到位信号（继电

器 R0.4 为 1)，转塔电动机经过定时器 01 延时(定时器 TMR01 为 50 ms)后，切断转塔电动机正转输出信号 Y2.4，同时接通反转运行开始定时器 02。经过延时后，系统发出转塔电动机反转输出信号 Y2.5，电动机开始反转，定位销进行粗定位，端齿盘啮合进行精定位，锁紧凸轮进行锁紧并发出转塔锁紧到位信号(X2.5)，经过反转停止延时定时器 03 的延时(TMR03 设定为 0.6 s)后，发出电动机反转停止信号(R0.7 为 1)，切断转塔电动机反转输出信号 Y2.5。通过转塔锁紧到位信号 X2.5 接通 T 辅助功能完成指令(R1.1 为 1)，继电器 R1.1 为 1 后，使系统辅助功能结束指令信号 G4.3 为 1，切断转塔分度指令 R0.3，从而完成换刀的自动控制。在整个换刀过程中，当换刀过程超时(TMR04)、电动机温升过高(X2.4)及电动机过载/短路保护断路器 QF4(X2.7)信号动作时，系统立即停止换刀动作并发出系统换刀的故障信息。

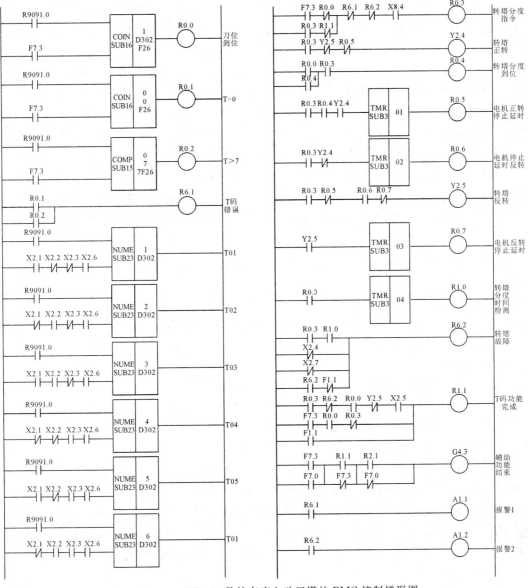

图 2-58 SSCK-20 数控车床电动刀塔的 PMC 控制梯形图

第3章 伺服系统

3.1 概述

数控机床伺服系统是以机床移动部件的位置和速度为控制量的自动控制系统,又称随动系统、拖动系统或伺服机构。在数控机床上,伺服驱动系统接收来自 CNC 装置(插补装置或插补软件)的进给指令脉冲,经过一定的信号变换及电压、功率放大,再驱动各坐标轴按指令脉冲运动,这些轴有的带动工作台,有的带动刀架,通过几个坐标轴的综合联动,使刀具相对于工件产生各种复杂的机械运动,从而加工出所要求的复杂形状工件。

进给伺服系统是数控装置和机床机械传动部件间的联系环节,是数控机床的重要组成部分。数控机床的最高运动速度、跟踪及定位精度、加工表面质量、生产率及工作可靠性等技术指标,往往主要决定于伺服系统的动态和静态性能。

数控机床运动中,主轴运动和伺服进给运动是机床的基本成形运动。主轴驱动控制一般只要满足主轴调速及正、反转即可,但当要求机床有螺纹加工、准停和恒线加工等功能时,就对主轴提出了相应的位置控制要求。此时,主轴驱动控制系统可称为主轴伺服系统。

1. 对进给伺服系统的要求

数控机床对进给伺服系统的要求如下:

1) 高精度

为满足数控加工精度的要求,关键是要保证数控机床的定位精度和进给跟踪精度,这也是伺服系统的静态特性与动态特性指标是否优良的具体表现。位置伺服系统的定位精度一般要求能达到 $1~\mu m$,更高的要求达到 $0.1~\mu m$,有的甚至要达到 $0.01\sim0.005~\mu m$。

2) 稳定性好

稳定性是任何系统控制的必然要求,若系统在运行中不稳定,则该系统就不能用在实际的加工生产中。对伺服系统而言,在位置控制过程中要求准确、快速,系统在位置控制中不能出现周期性振荡或存在不能到达指定位置的情况。

3) 快速响应并无超调

为了保证轮廓切削的形状精度和较好的加工表面粗糙度,要求伺服系统除了有较高的定位精度外,还要求有良好的快速响应特性,即要求跟踪指令信号的响应要快。一方面,伺服系统处于频繁的启动、制动、加速、减速等过程中,为了保证零件的加工质量,要求伺服系统有良好的加、减速特性,缩短过渡时间;另一方面,在切削中负载可能发生突变,此时要求过渡的时间要短,并且无振荡和超调,从而保证零件加工表面的光滑。

4) 调速范围宽

为适应不同的加工条件,例如,加工零件的材料、尺寸、部位以及刀具的种类和冷却方式等不同，数控机床的进给速度需要在很宽的范围内无级变化，这就要求伺服电动机有很宽的调速范围和优异的调速特性。目前的数控机床已经能做到在脉冲当量为 $1\ \mu m$ 的情况下，进给速度在 $0\sim240\ m/min$ 范围内连续可调。对于一般的机床而言，进给范围在 $0\sim24\ m/min$ 都可以满足加工要求。

5）低速大转矩

机床在进行粗加工时，通常要求速度比较低，但要求输出较大的切削力矩，以满足重切削的要求。

6）可逆运行

可逆运行要求能进行正、反转运行。加工时，机床工作台要根据加工轨迹的要求，随时可能进行正向或反向运动，在反向的过程中，应能消除反向间隙。

2．对主轴伺服系统的要求

除上述要求外，对主轴伺服系统还应满足如下要求：

1）主轴与进给驱动的同步控制

为使数控机床具有螺纹和螺旋槽加工的能力，要求主轴驱动与进给驱动实现同步控制，此时，需要对主轴进行位置控制，通常可以在主轴上加装位置编码器来实现。

2）准停控制

在加工中心上，为了实现自动换刀，要求主轴能进行高精确位置的停止，以便于换刀动作能顺利完成。主轴准停控制一般需要在 PLC 中通过调用 M 代码来实现，并通过 CNC 参数调节定向角度。

3）角度分度控制

角度分度控制有两种类型：一是固定的等分角度控制；二是连续的任意角度控制。任意角度控制是带有角位移反馈的位置伺服系统，这种主轴坐标具有进给坐标的功能，称为"C"轴控制。

3．数控机床中伺服系统的分类

数控机床伺服系统的分类方法比较多，按照系统有无检测反馈元件，通常可以将伺服系统分为开环系统、半闭环系统和全闭环系统。

1）开环系统

开环系统一般采用步进电机进行驱动，这类系统没有检测和反馈元件，其信号的流向是单一方向。通常系统每发出一个脉冲，步进电机就旋转一个固定角度，工作台走过一个固定的距离，即脉冲当量，其控制原理如图 3-1 所示。开环系统结构简单，调试方便，价格便宜，但由于没有采用检测元件反馈实际位置，故这类系统的控制精度比较低，适用于经济型数控机床。

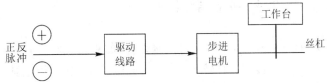

图 3-1　开环控制系统的控制原理图

2）半闭环系统

半闭环控制系统一般采用交、直流伺服电机进行驱动，其控制原理如图 3-2 所示。这类系统采用安装在电机轴上或滚珠丝杠一端的编码器作为位置和速度反馈的测量元件，可以实时反馈位置和速度信息，但这种测量是间接用角位移测量工作台的直线位移。与开环控制系统比较，由于采用了测量反馈，其精度普遍高于开环控制系统，但价格也高于开环控制系统。

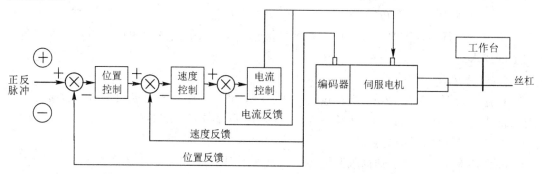

图 3-2 半闭环控制系统的控制原理图

3）全闭环系统

在上述半闭环控制系统中，由于间接位移测量不包含机床运动过程中的反向间隙误差和螺距误差等信息，而且测量中存在丝杠等中间转换环节，转换误差不能被消除，工作台的机械传动链也没有包含在位置环内，因此，在实际应用中需要对误差环节进行补偿，可考虑采用全闭环控制系统。全闭环控制系统一般采用光栅尺作为测量反馈元件，安装于机床的工作台上，直接测量机床工作台的位置信息，其控制原理如图 3-3 所示。

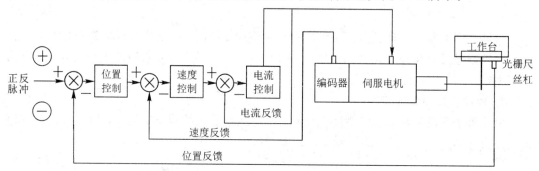

图 3-3 全闭环控制系统的控制原理图

全闭环控制可以获取精确的实际位置信息，通过反馈闭环实现高精度的位置控制，加工精度高，移动速度快，一般采用交、直流伺服电机驱动，电机的控制电路比较复杂，检测元件价格昂贵，调试和维修比较复杂，成本较高，因此，一般用于高性能的数控机床中。

3.2 步进电机及其驱动控制系统

步进电机是开环伺服系统(亦称步进式伺服系统)的驱动元件，是一种将脉冲信号变换成角位移(或线位移)的电磁装置，其转子的转角(或位移)与输入的电脉冲数成正比，速度与脉冲频率成正比，而运动方向是由步进电机的各相通电顺序来决定的，并且保持电机各相通电状态就能使电机自锁。因而步进电机具有控制简单、运行可靠、惯性小等优点。但其缺点是调速范围窄，升、降速响应慢，矩频特性软，输出力矩受限，所以主要用在开环伺服系统中。步进电机的控制为全数字化(即数字化的输入指令脉冲对应着数字化的位置输出),随着计算机技术的发展,除功率驱动电路之外,其他硬件电路均可由软件实现,从而简化了系统结构,降低了成本,提高了系统的可靠性。

3.2.1 步进电机的分类

1. 根据相数分类

步进电机有二、三、四、五、六相等几种,相数越多,步距角越小,采用多相通电可以提高步进电机的输出转矩。

2. 根据力矩产生的原理分类

根据力矩产生的原理可将步进电机分为反应式和永磁反应式(也称混合式)两类。反应式步进电机的定子有多相磁极,其上有励磁绕组,而转子无绕组,用软磁材料制成,由被励磁的定子绕组产生的反应力矩实现步进运行。永磁反应式步进电机的定子结构与反应式相似,但转子用永磁材料制成或有励磁绕组,由电磁力矩实现步进运行,这样可提高电机的输出转矩,减少定子绕组的电流。

3. 根据输出力矩的大小分类

根据输出力矩的大小可将步进电机分为两类:伺服步进电机和功率步进电机。伺服步进电机又称为快速步进电机,输出力矩在几十到数百毫牛·米(mN·m),只能带动小负载;功率步进电机输出力矩在 5~50 N·m 以上,能直接驱动工作台。

4. 根据结构分类

步进电机可制成轴向分相式和径向分相式,轴向分相式又称多段式,径向分相式又称单段式。单段反应式步进电机是目前步进电机中使用最多的一种结构形式。

如图 3-4 所示,设三相多段反应式步进电机的三相分别为 A、B、C,A 段里的定子齿和转子齿是对齐的,B 段和 C 段里的定子齿和转子齿则不对齐,一般错开齿距的 $1/m$(m 为定子相数),齿距为 360°/转子齿数。

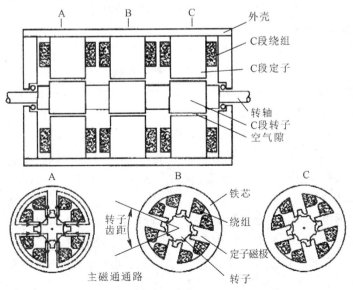

图 3-4 三段反应式步进电机的结构

若从 A 相通电变化到 B 相通电，则使 B 段里的定子齿和转子齿对齐，转子转动一步。使 B 相断电，C 相通电，则电机以同一方向再走一步。再使 A 相单独通电，则再走一步，A 段里的定子齿和转子齿再一次完全对齐。不断按顺序改变通电状态，电机就可连续旋转。若通电方式为 A→B→C→A→…，则通电状态的三次变化使转子转动一个齿距；若通电方式为 A→AB→B→BC→C→CA→A→…，则通电状态的六次变化使转子转动一个齿距。

3.2.2 步进电机的工作原理

下面以反应式步进电机为例说明其工作原理。反应式步进电机的定子上有磁极，每个磁极上有励磁绕组，转子无绕组，有周向均布的齿，依靠磁极对齿的吸合工作。如图 3-5 所示为三相步进电机，定子上有三对磁极，分成 A、B、C 三相。为简化分析，假设转子只有 4 个齿。

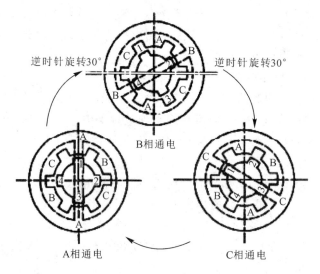

图 3-5　三相反应式步进电机的三相三拍工作原理示意图

1. 三相三拍工作方式

在图 3-5 中，设 A 相通电，A 相绕组的磁力线为保持磁阻最小，给转子施加电磁力矩，使磁极 A 与相邻转子的 1、3 齿对齐；接下来若 B 相通电，A 相断电，磁极 B 又将距它最近的 2、4 齿吸引过来与之对齐，使转子按逆时针方向旋转 30°；下一步 C 相通电，B 相断电，磁极 C 又将吸引转子的 1、3 齿与之对齐，使转子又按逆时针旋转 30°，依此类推。若定子绕组按 A→B→C→A→…的顺序通电，转子就一步步地按逆时针转动，每步旋转 30°。若定子绕组按 A→C→B→A→…的顺序通电，则转子就一步步地按顺时针转动，每步仍然旋转 30°。这种控制方式叫三相三拍方式，又称三相单三拍方式。

2. 双三拍工作方式

由于单三拍通电方式每次定子绕组只有一相通电，且在切换瞬间失去自锁转矩，容易产生失步，而且，只有一相绕组产生力矩吸引转子，在平衡位置易产生振荡，故在实际工作过程中多采用双三拍工作方式，即定子绕组的通电顺序为 AB→BC→CA→AB…或 AC→BC→CA→…。前一种通电顺序使转子按逆时针方向旋转，后一种通电顺序使转子按顺时针方向旋转。而且每次有两对磁极同时对转子的两对齿进行吸引，每步仍然旋转 30°。由于在步进电机工作过程中始终保持有一相定子绕组通电，所以工作比较平稳。

3. 三相六拍工作方式

如果按 A→AB→B→BC→C→CA→A…(逆时针转动)或 A→AC→C→BC→B→CA→A…(顺时针转动)的顺序通电，步进电机的工作方式就是三相六拍的，每步转过 15°，此时的步距角是三相三拍工作方式步距角的一半，如图 3-6 所示。因为电机运转中始终有一相定子绕组通电，所以运转比较平稳。

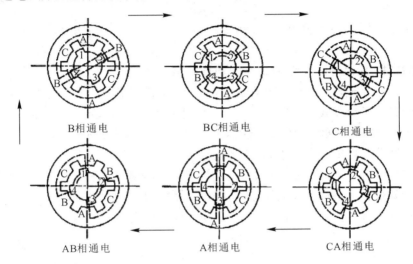

图 3-6 三相反应式步进电机的三相六拍工作原理示意图

实际上步进电机转子的齿数很多，因为齿数越多步距角越小。为了改善运行性能，定子磁极上也有齿，这些齿的齿距与转子的齿距相同，但各极的齿依次与转子的齿错开齿距的 $1/m$(m 为电机相数)。这样，每次当定子绕组的通电状态改变时，转子只转过齿距的 $1/m$(如三相三拍)或 $1/2m$(如三相六拍)，即可达到新的平衡位置。

图 3-7 为三相反应式步进电机的结构示意图和展开后的步进电机齿距。转子有 40 个齿，故齿距为 $360°/40=9°$。若通电为三相三拍，当转子齿与 A 相定子齿对齐时，转子齿与 B 相定子齿相差 1/3 齿距，即 3°，与 C 相定子齿相差 2/3 齿距，即 6°。

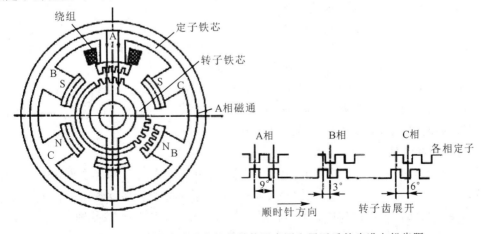

图 3-7 三相反应式步进电机的结构示意图和展开后的步进电机齿距

3.2.3 步进电机的主要特性

1. 步距角 α

步距角指步进电机定子绕组的通电状态每改变一次时转子转过的角度，它取决于电机结构和控制方式。步距角 α 可按下式计算：

$$\alpha = \frac{360^\circ}{mzk} \tag{3-1}$$

式中：m 为定子相数；z 为转子齿数；k 为通电系数，若连续两次通电相数相同则为 1，若不同则为 2。

2. 矩角特性、最大静态转矩 M_{jmax} 和启动转矩 M_q

当步进电机处于通电状态时，转子处在不动状态，即静态。如果在电机轴上施加一个负载转矩 M，则转子会在载荷方向上转过一个角度 θ，转子因而受到一个电磁转矩 M_j 的作用与负载平衡，该电磁转矩 M_j 称为静态转矩，该角度 θ 称为失调角。

步进电机单相通电的静态转矩 M_j 随失调角 θ 的变化曲线称为矩角特性，如图 3-8 所示。当外加转矩取消后，转子在电磁转矩的作用下仍能回到稳定平衡点 $\theta=0$。矩角特性曲线上的电磁转矩的最大值称为最大静态转矩 M_{jmax}，M_{jmax} 是代表电机承载能力的重要指标，M_{jmax} 越大，说明电机的负载能力越强，运行的快速性和稳定性越好。

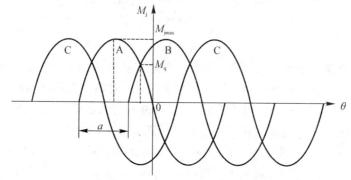

图 3-8 三相步进电机的各相矩角特性

3. 启动频率 f_q 和启动时的惯频特性

空载时，步进电机由静止突然启动，并进入不丢步的正常运行状态所允许的最高频率称为启动频率或突跳频率 f_q，它是反映步进电机快速性能的重要指标。空载启动时，步进电机定子绕组通电状态变化的频率不能高于该启动频率。

启动时的惯频特性是指电机带动纯惯性负载时启动频率和负载转动惯量之间的关系。一般来说，随着负载转动惯量的增加，启动频率会下降。如果除了惯性负载外还有转矩负载，则启动频率将进一步下降。

4. 运行矩频特性

步进电机启动后，其运行速度能跟踪指令脉冲频率连续上升而不丢步的最高工作频率称为连续运行频率，其值远大于启动频率，每一频率所对应的转矩称为动态转矩。步进电机的运行矩频特性是指运行频率和输出转矩的关系，如图 3-9 所示。从图 3-9 中可以看出，随着运行频率的上升，输出转矩下降，承载能力下降。当运行频率超过最高频率时，步进电机便无法工作。

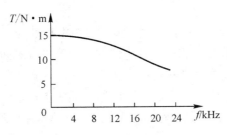

图 3 - 9　步进电机的运行矩频特性

5. 加、减速特性

步进电机的加、减速特性是描述步进电机在由静止到工作频率或由工作频率到静止的加、减速过程中，定子绕组通电状态的变化频率与时间的关系。当要求步进电机启动到大于启动频率的工作频率时，变化速度必须逐渐上升；同样，从最高工作频率或高于启动频率的工作频率停止时，变化速度必须逐渐下降。逐渐上升和逐渐下降的加速时间、减速时间不能过小，否则会出现失步或超步。通常用加速时间常数 T_a 和减速时间常数 T_d 来描述步进电机的升速和降速特性，如图 3 - 10 所示。

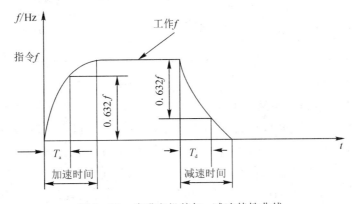

图 3 - 10　步进电机的加、减速特性曲线

3.2.4　步进电机驱动控制线路的构成

步进式伺服驱动系统主要由驱动控制线路和步进电机两部分组成。驱动控制线路接收来自数控机床控制系统的进给脉冲信号，并把此信号转换为控制步进电机各相定子绕组依次通电、断电信号，使步进电机运转。一个完整的步进电机的驱动控制线路应该包括加、减速电路，环形脉冲分配器和功率放大器，如图 3 - 11 所示。

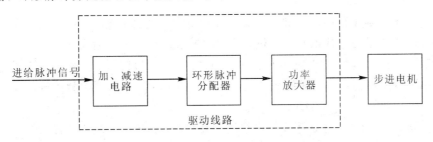

图 3 - 11　步进电机驱动控制线路的构成

1. 加、减速电路

前面介绍过步进电机的加、减速特性，根据步进电机的加、减速特性，进入步进电机绕组的电平信号的频率变化要平滑，而且应该有合适的响应时间。但实际的脉冲频率的变化是突变的。为了保证步进电机能够正常可靠地工作，必须对突变的频率进行处理，使它符合步进电机的加、减速特性，然后再进入步进电机的定子绕组，这个任务由步进电机的加、减速电路来完成。图 3-12 是一种步进电机加、减速电路的原理框图。

图 3-12 中同步器的作用是保证指令脉冲 f_a 和由 RC 变频振荡器产生的脉冲 f_b 不会在同一时刻出现，因为指令脉冲 f_a 使可逆计数器做加法计数，而反馈脉冲 f_b 使可逆计数器做减法运算，若两脉冲同时出现，使可逆计数器在同一时刻既做加计数又做减计数，则会产生计数错误。D/A 转换的作用是将数字量转换为模拟量，可逆计数器中的数值越大，则 D/A 转换的数值越大。RC 变频振荡器的作用是将 D/A 转换输出的电压信号转换成脉冲信号，脉冲的频率与电压的大小成正比。

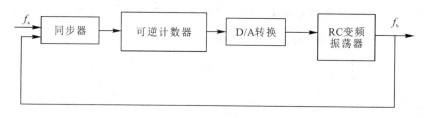

图 3-12　步进电机加、减速电路的原理框图

现以步进电机加速过程为例说明该电路的工作过程。当进给脉冲的频率由 0 跳变到 f_a 时，步进电机开始启动，此时输出频率 $f_b=0$，由于 $f_a>f_b$，可逆计数器中的数值开始增加，因此 RC 变频振荡器的输出脉冲 f_b 也由 0 开始增加。f_b 增加后，又反馈到可逆计数器做加法计数，抑制计数器中数值的增加，计数器数值的增长速度减小，则频率 f_b 增加的速度也随之减小。经一定的时间后，$f_a=f_b$，达到平衡，这就是升速过程。此时，可逆计数器的数值增速为 0，存数不变，振荡器的频率也稳定下来，此过程为匀速过程。减速过程与加速过程类似。

2. 环形脉冲分配器

环形脉冲分配器的作用是把来自加、减速电路的脉冲信号转换成控制步进电机的定子绕组通、断电的电平信号。同时由于电机有正、反转要求，所以环形脉冲分配器的输出是周期性的，又是可逆的。环形脉冲分配器可以用硬件来实现，也可以用软件来实现。

1）硬件环形分配器

硬件环形分配器是由门电路和双稳态触发器组成的逻辑电路，常用的是专用集成芯片或通用可编程逻辑器件组成的环形分配器。它主要通过一个脉冲输入端控制步进电机的速度，一个输入端控制电机的转向，并由与步进电机相同数目的输出端分别控制电机的各相，这种脉冲分配器包含在步进电机的驱动电源内。图 3-13 为硬件脉冲分配器的一种实现方式。

图 3-13 中 A、B、C 分别为步进电机的三相绕组。当置位、复位端置"0"之后，A=0，B=0，C=0；当输入一个 CP 脉冲后，则 A=1，B=1，C=0；再输入一个脉冲 CP，A=0，B=1，C=0，依次下去，就可实现步进电机三相六拍的通电方式。

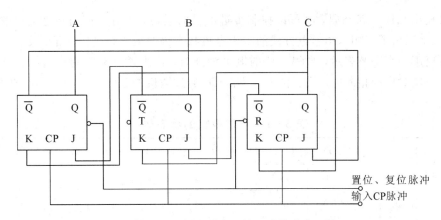

图 3-13 JK 触发器实现的环形脉冲分配器

数控系统通过插补运算得到每个坐标轴的位移信号，通过输出接口，只要向步进电机驱动控制电源定时发出位移脉冲信号和正、反转信号，就可以实现步进电机的运动控制，图 3-14 为三相硬件环形分配器的驱动控制示意图。其中，CLK 为数控装置发出的脉冲信号，DIR 为数控装置发出的方向信号，FULL/HALF 为用于控制电机的整步或半步信号。

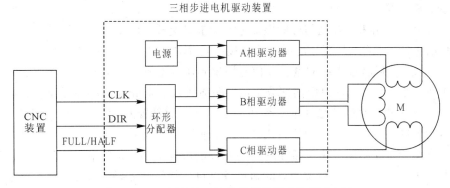

图 3-14 三相硬件环形分配器的驱动控制示意图

2）软件环形分配器

软件环形分配器是利用微机或单片机的 I/O 接口输出不同的状态码来控制电机的通电、断电，从而控制步进电机的动作，这样不但工作可靠，而且性能更好。

软件环形分配器的设计方法有很多，如查表法、比较法、移位寄存器法等，它们各有特点。下面介绍步进电机软件环形分配器的查表法实现，图 3-15 为软件环形分配器实现的原理框图。

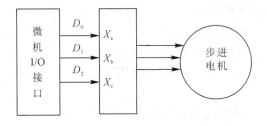

图 3-15 软件环形分配器实现的原理框图

查表法是将步进电机的状态码存放在一维数组中，通过程序按不同的顺序通过微机的

I/O 接口输出相应的状态码，既可以控制步进电机的运转，还可以控制步进电机的正、反转。表 3-1 列出了三相六拍通电方式的步进电机状态码的生成和电机的正、反转控制。通常，状态码用一个字节表示，当哪一位的电平为高时，代表该位对应的相通电；当其为低电平时，该位对应的相断电。低三位 D_0，D_1，D_2 通过微机的 I/O 接口接步进电机的三相，高 5 位置 0。

表 3-1 步进电机的状态码

D_7	D_6	D_5	D_4	D_3	D_2	D_1	D_0	状态码	通电状态
0	0	0	0	0	0	0	1	01H	A
0	0	0	0	0	0	1	1	03H	AB
0	0	0	0	0	0	1	0	02H	B 正转 / 反转
0	0	0	0	0	1	1	0	06H	BC
0	0	0	0	0	1	0	0	04H	C
0	0	0	0	0	1	0	1	05H	CA

3. 功率放大器

从环形分配器出来的控制信号的电流通常只有几毫安，而步进电机的定子绕组一般需要几安培的电流，因此，环形分配器后面都接有功率放大电路，对环形分配器出来的信号进行功率放大，然后将放大后的电脉冲信号输出到步进电机的定子各相绕组中去控制步进电机的工作。功率放大器一般由两部分组成，即前置放大器和大功率驱动部分。前者是为了放大环形分配器出来的信号并推动大功率驱动部分而设置的，它一般由基极反相器、射极跟随器和带脉冲变压器的放大器组成。在以快速可控硅或可关断可控硅作为大功率驱动元件的场合中，前置放大器还包括控制这些元件的触发电路。大功率驱动部分进一步将前置放大器送来的电平信号进行放大，得到步进电机各绕组所需要的电流。它既要控制步进电机各绕组的通、断电，又要起到功率放大作用，所以是步进电机的驱动电路中很重要的一部分。大功率驱动部分一般采用大功率晶体管、快速可控硅或可关断可控硅来实现。

早期的功率驱动器采用单电压驱动电路，线路简单，但电流上升缓慢，高频时带负载的能力低，而且功耗大。为了克服这些缺点，后来相继出现了双电压驱动电路、斩波电路、调压调频和细分电路等。

3.2.5 功率放大电路

1. 高、低电压切换驱动电路

高、低电压切换驱动电路的特点是给步进电机绕组供电的有高、低两种电压，高压充电，低压供电，高压充电以保证电流以较快的速度上升，低压供电以维持绕组中的电流为额定值。高压一般在 80 V 甚至更高范围，低压即步进电机的额定电压，一般为几伏，不超过 20 V。

如图 3-16 所示为高、低压切换驱动电路，该电路由于采用高压驱动，电流增长快，绕组上脉冲电流的前沿变陡，使电机的转矩和启动及运行频率都得到提高。又由于额定电流由低电压维持，故只需较小的限流电阻，功耗较小。高、低压切换也可通过定时来控制，在每一个步进脉冲到来时，高压脉宽由定时电路控制，故称作高压定时控制驱动电源。

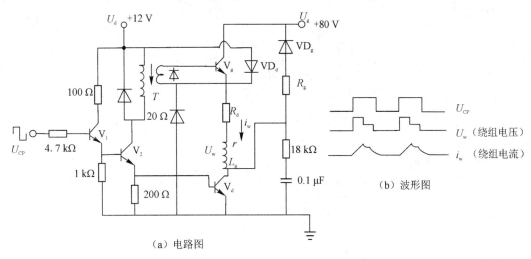

（a）电路图

图 3-16　高、低电压切换驱动电路

2. 恒流斩波驱动电路

恒流斩波驱动电路也称定电流驱动电路，或称波顶补偿控制驱动电路。如图 3-17 所示为恒流斩波驱动电路，这种驱动电路的控制原理是随时检测绕组的电流值。当绕组的电流值降到下限设定值时，便让高压功率管导通，使绕组电流上升，当上升到上限设定值时，便关断高压管。这样，在一个步进周期内，高压管多次通、断，使绕组电流在上、下限之间波动，接近恒定值，提高了绕组电流的平均值，有效地抑制了电机输出转矩的降低。

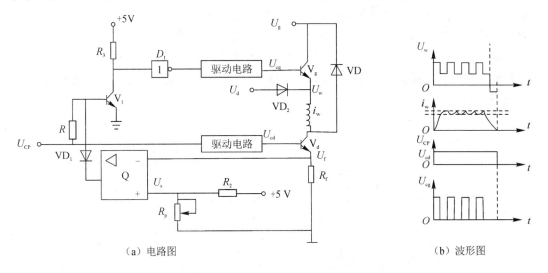

（a）电路图　　　　　　　　　　　（b）波形图

图 3-17　恒流斩波驱动电路

3. 调频调压驱动电路

在电源电压一定时，步进电机绕组电流的上升值是随工作频率的升高而降低的，从而使输出转矩随电机转速的提高而下降。要保证步进电机在高频运行时的输出转矩，就需要提高供电电压。前述的各种驱动电源都是为保证绕组电流有较好的上升沿和幅值而设计的，从而有效地提高步进电机的工作频率。但在低频运行时，这些驱动电源会给绕组中注入过多的能量而引起电机的低频振荡和噪声。而如图 3 - 18 所示的调频调压驱动电路可以解决这个问题。

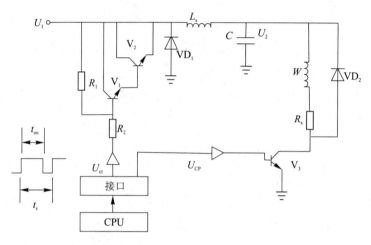

图 3 - 18　调频调压驱动电路

4. 细分驱动电路

前面的各种驱动电路都是按电机工作方式轮流给各相绕组供电，每换一次相，电机就转动一步，即每拍电机转动一个步距角。如果在一拍中通电相的电流不是一次达到最大值，而是分成多次，每次使绕组电流增加一些，每次增加的电流都使转子转过一小步，则这种驱动电路称为细分驱动电路。

细分驱动电路中，绕组电流的下降也是分多次完成的，即通过控制电机各相绕组中电流的大小和比例，从而使步距角减少到原来的几分之一至几十分之一（一般不小于 1/10）。因此，细分驱动也称微步驱动，它可以提高步进电机的分辨率，减弱甚至消除振荡，大大提高电机运行的精度和平稳性。要实现细分，需将绕组中的矩形电流波变成阶梯形电流波。阶梯波控制信号可由很多方法产生，这种细分驱动电源既实现了细分，又能保证每一个阶梯电流的恒定，如图 3 - 19 所示。

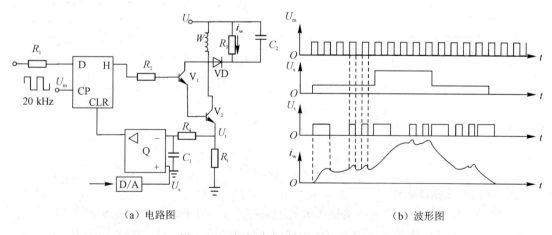

（a）电路图　　　　　　　　　　　　（b）波形图

图 3 - 19　恒频脉宽调制细分驱动电路

3.3　直流伺服电机及其速度控制系统

3.3.1　直流伺服电机的结构与分类

直流伺服电机根据结构不同分为一般电枢式、无槽电枢式、印刷电枢式、绕线盘式和空心杯电枢式等。为避免电刷换向器的接触，还有无刷直流伺服电机。根据控制方式不同，直流伺服电机可分为磁场控制方式和电枢控制方式。永磁直流伺服电机只能采用电枢控制方式，一般电磁式直流伺服电机大多也用电枢控制方式。

数控机床中，进给系统常用的直流伺服电机主要有以下几种。

1. 小惯性直流伺服电机

小惯性直流伺服电机因转动惯量小而得名，这类电机一般为永磁式，电枢绕组有无槽电枢式、印刷电枢式和空心杯电枢式三种。由于小惯量直流电机可以最大限度地减小电枢的转动惯量，所以能获得最快的响应速度。

2. 大惯量宽调速直流伺服电机

大惯量宽调速直流伺服电机又称直流力矩电机。一方面由于它的转子直径较大，线圈绕组匝数增加，力矩大，转动惯量比其他类型的电机大，且能够在较大过载转矩时长时间工作，因此可以直接与丝杠相连，不需要中间传动装置。另一方面，由于它没有励磁回路的损耗，所以它的外形尺寸比其他类似的直流伺服电机小。它还有一个突出的特点就是能够在较低的转速下实现平稳运行，最低转速可以达到 1 r/min，甚至是 0.1 r/min。

3. 无刷直流伺服电机

无刷直流伺服电机又称无整流子电机。它没有换向器，由同步电机和逆变器组成，逆变器由装在转子上的转子位置传感器控制。它实质上是一种交流调速电机，由于其调速性能可达到直流伺服发电机的水平，而且又取消了换向装置和电刷部件，所以大大提高了电机的使用寿命。

3.3.2　直流伺服电机的调速原理与方法

1. 直流伺服电机的调速原理

直流电机由磁极（定子）、电枢（转子）和电刷与换向片三部分组成。下面以他励式直流伺服电机为例，分析直流电机的机械特性。直流电机是基于电流切割磁力线，产生电磁转矩来进行工作的，如图 3-20 所示。

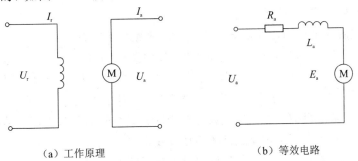

（a）工作原理　　　　　　　　（b）等效电路

图 3-20　他励式直流电机工作原理图

电磁电枢回路的电压平衡方程式为

$$U_a = E_a + I_a R_a \tag{3-2}$$

式中：R_a 为电机电枢回路的总电阻；U_a 为电机电枢的端电压；I_a 为电机电枢的电流；E_a 为电枢绕组的感应电动势。当励磁磁通 ϕ_a 恒定时，电枢绕组的感应电动势与转速成正比，则有

$$E_a = C_e \phi_a n \tag{3-3}$$

式中：C_e 为电动势常数，表示单位转速时所产生的电动势；n 为电机转速。电机的电磁转矩为

$$T_m = C_T \phi_a I_a \tag{3-4}$$

式中：T_m 为电机电磁转矩；C_T 为转矩常数，表示单位电流所产生的转矩。其中，C_T 和 C_e 有如下数量关系：

$$C_T = 9.55 C_e \tag{3-5}$$

将式(3-3)、式(3-4)和式(3-5)代入式(3-2)，即可得出他励式直流伺服电机的转速与转矩之间的关系式为

$$n = \frac{U_a}{C_e \phi_a} - \frac{R_a}{C_e \phi_a C_T \phi_a} T_m = n_0 - \beta T_m \tag{3-6}$$

式中：$n_0 = \dfrac{U_a}{C_e \phi_a}$，为空载转速。当励磁磁通为额定磁通，电枢电压为额定电压，即 $U_a = U_N$，$\phi_a = \phi_N$ 时，该转速称为理想空载转速；同样，斜率 $\beta = \dfrac{R_a}{C_e \phi_N C_T \phi_N}$，称为直线的固有斜率。此时，式(3-6)称为直流电机的固有机械特性曲线。

直流电机的转速与转矩的关系称为机械特性，机械特性是电机的静态特性，是电机稳定运行时带动负载的性能，此时，电磁转矩与外负载相等。当电机带动负载时，电机转速与理想转速产生转速差 Δn，它反映了电机机械特性的硬度，Δn 越小，表明机械特性越硬。

2. 直流伺服电机的调速方法

由直流伺服电机的转速公式(3-6)可知，直流电机的基本调速方式有三种，即调节电阻 R_a、调节电枢电压 U_a 和调节磁通 ϕ_a 的值。但通过电枢电阻调速不经济，而且调速范围有限，很少采用。在调节电枢电压时，若保持电枢电流 I_a 不变，则磁场磁通 ϕ_a 保持不变，由式(3-4)可知，电机的电磁转矩 T_m 保持不变，因此称调压调速为恒转矩调速。

调磁调速时，通常保持电枢电压 U_a 为额定电压，由于励磁回路的电流不能超过额定值，因此励磁电流总是向减小的趋势调整，使磁通下降，称为弱磁调速，此时转矩 T_m 也下降，则转速上升。在调速过程中，电枢电压 U_a 不变，若保持电枢电流 I_a 也不变，则输出功率维持不变，故调磁调速又称为恒功率调速。

3. 直流电机在调节电枢电压和调节磁通时的机械特性曲线

图3-21所示为直流电机在改变电枢电压和改变磁通时的机械特性，图中，n_N 为额定转矩 T_N 对应的额定转速，Δn_N 为额定转速差。由图3-21(a)可见，当调节电枢电压时，直流电机的机械特性为一组平行线，即机械特性曲线的斜率不变，而只改变电机的理想转速，保持了原有较硬的机械特性，所以数控机床伺服进给驱动系统采用调节电枢电压的调速方式。由图3-21(b)可见，调磁调速不但改变了电机的理想转速，而且使直流电机的机械特性变软，所以调磁调速主要用于机床主轴的电机调速。

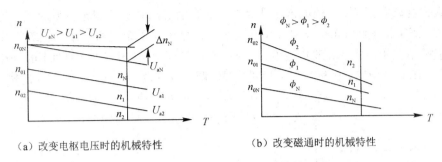

（a）改变电枢电压时的机械特性　　　　（b）改变磁通时的机械特性

图 3-21　直流电机的机械特性

3.3.3　直流伺服电机速度控制单元的调速控制方式

直流伺服系统已经比较成熟，直流伺服电机常用的功率驱动元件是晶闸管和功率晶体管，速度调节主要通过调节加在电枢上的电压大小的方法来实现，电机换向可通过改变电枢电流的方向或励磁电流的方向来实现。由于励磁回路的时间常数很大，若采用改变励磁电流的方向来实现换向，必然使控制系统的响应变差。因此，这种换向方式在机床伺服控制系统中很少采用。

现代直流电机速度控制单元常采用的调速方法有晶闸管可控硅（Semiconductor Control Rectifier，SCR）调速系统和晶体管脉宽调制（Pulse Width Modulation，PWM）调速系统。由于晶体管的开关响应特性远比晶闸管好，所以后者的伺服驱动特性要比前者好得多。随着大功率晶体管制造工艺的成熟，目前比较多地采用 PWM 调速系统。

所谓脉宽调速，即利用脉宽调制器对大功率晶体管的开关放大器的开关时间进行控制，将直流电压转换成某一频率的矩形波电压，加到直流电机的电枢两端，通过对矩形波脉冲宽度的控制，改变电枢两端的平均电压，从而达到调节电机转速的目的。直流伺服电机速度控制单元的作用是将转速指令信号转换成电枢的电压值，以达到速度调节的目的。

1. 晶闸管调速系统

图 3-22 所示为晶闸管直流调速的基本原理框图。由晶闸管组成的主电路在交流电源电压不变的情况下，通过控制电路可方便地改变直流输出电压的大小，该电压作为直流电机的电枢电压 U_d，可以调整直流电机的转速。图 3-22 中，改变速度控制电压 U_n，就可改变电枢电压 U_d，从而得到速度控制电压所要求的电机转速。由测速发电机获得的电机实际转速电压 U_n 作为速度反馈与速度控制电压 U_n^* 进行比较，形成速度环，目的是改善电机运行的机械特性。

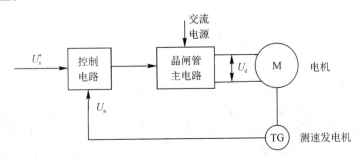

图 3-22　晶闸管直流调速的基本原理框图

在数控机床中，直流主轴电机或进给直流伺服电机的转速控制是典型的正、反转速度控制系统，既可使电机正转，又可使电机反转，称之为四象限运行。晶闸管调速系统的主电路普遍采用三相桥式反并联可逆电路，如图 3-23 所示。它由 12 个大功率的可控硅晶闸管组成，晶闸管分两组，每组按三相桥式连接，两组反并联，分别实现正转和反转。

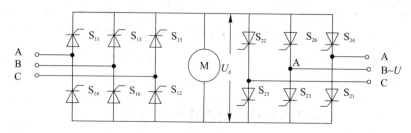

图 3-23　三相桥式反并联可逆电路

反并联是指两组变流桥反极性并联，由一个交流电源供电，每组晶闸管都有整流和逆变两种工作状态，一组处于整流工作时，另一组处于待逆变状态，在电机降速时，逆变组工作。为了保证合闸后两个串联的晶闸管能够同时导通或电流截止后再导通，必须对共阳极组和共阴极组的两个晶闸管同时发出脉冲。

晶闸管是一种大功率半导体器件，由阳极、阴极和控制极（又称门极）组成。当在阳极与阴极间施加正电压且控制极出现触发脉冲时，可控硅导通。触发脉冲出现的时刻称为触发角，控制触发角，即可控制可控硅的导通时间，从而达到控制电压的目的。

只通过改变晶闸管的触发角来改变电枢电压的方式对电机进行调速的范围较小，为满足宽的调速范围的要求，可采用带速度反馈的闭环系统。为了不使机械特性变软，还需在内环增加电流反馈环节，实现双环调速。图 3-24 所示为数控机床中较常见的一种晶闸管直流双环调速系统。该系统是典型的串级控制系统，内环为电流环，外环为速度环，驱动控制电源为晶闸管变流器。

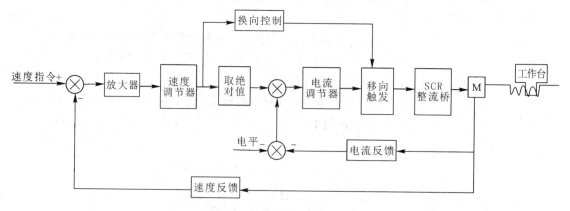

图 3-24　直流双环调速系统

当给定的速度指令信号增大时，调节器的输入端会有较大的偏差信号，放大器的输出信号随之加大，触发脉冲前移，整流器的输出电压提高，电机的转速相应上升，同时，测速装置的输出电压增加，反馈到输入端的偏差信号减小，电机的转速上升减慢，直到速度反馈值等于或接近于给定值时，系统达到新的平衡。其缺点在于低速轻载时电枢电流出现断续，机械特性较软，总放大倍数下降，动态品质变坏。

2.PWM 调速控制系统

1）晶体管脉宽调制的原理

与晶闸管相比，功率晶体管控制电路简单，不需要附加关断电路，开、关特性好。因此，在中、小功率直流伺服系统中，PWM 方式的驱动系统得到了广泛的应用。

所谓脉宽调制，就是使功率晶体管工作于开、关状态，开、关频率保持恒定，用改变开、关导通时间的方法来调整晶体管的输出，使电机两端得到宽度随时间变化的电压脉冲。当开、关在每一周期内的导通时间随时间发生连续变化时，电机电枢得到的电压的平均值也随时间连续地发生变化，而由于内部的续流电路和电枢电感的滤波作用，电枢上的电流则连续地改变，从而达到调节电机转速的目的。当电路中开、关功率晶体管关断时，由二极管 VD 续流，电机便可以得到连续电流。图 3-25 为脉宽调制原理图。

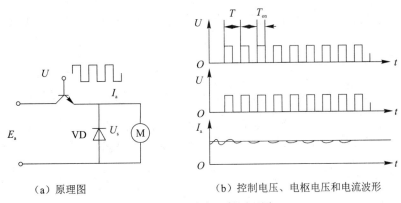

（a）原理图 （b）控制电压、电枢电压和电流波形

图 3-25 脉宽调制原理图

2）晶体管脉宽调制系统的组成原理

图 3-26 为脉宽调制系统的组成原理。该系统由控制部分、功率晶体管放大器和全波整流器三部分组成。控制部分包括速度调节器、电流调节器、固定频率振荡器、三角波发生器、脉宽调制器和基极驱动电路。其中，速度调节器和电流调节器与晶闸管调速系统中的相同，控制方法仍然是采用双环控制，不同的是脉宽调制器、基极驱动电路和功率放大器。

晶体管脉宽调制系统的特点是：频带宽，电流脉动小，电源功率因数高，动态硬度好。

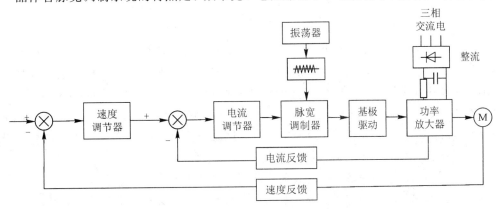

图 3-26 脉宽调制系统的组成原理

3.4 交流伺服电机及其速度控制系统

3.4.1 交流伺服电机的分类与特点

在数控机床上应用的交流电机一般都为三相交流伺服电机，分为异步型交流伺服电机和同步型交流伺服电机。

永磁式同步电机的优点是结构简单，运行可靠，效率高；缺点是体积大，启动特性欠佳。但采用高剩磁感应、高矫顽力的稀土类磁铁材料后，电机在外形尺寸、质量及转子惯量方面都比直流电机大幅度减小，所以数控机床的进给驱动系统中多数采用永磁式同步电机。

异步型交流伺服电机相当于交流感应异步电机，它的优点是重量轻，价格便宜；缺点是其转速受负载的变化影响较大，所以进给运动一般不用异步型交流伺服电机，其主要用于主轴驱动系统中。

1. 永磁式交流同步电机

1) 永磁式交流同步电机的工作原理

永磁式交流同步电机由定子、转子和检测元件三部分组成，其工作原理如图 3-27 所示，当定子三相绕组通以交流电后，产生一旋转磁场，这个旋转磁场以同步转速 n_s 旋转。

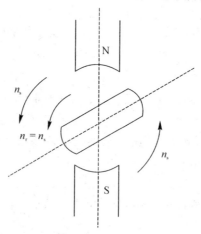

图 3-27 永磁式交流同步电机的工作原理

根据磁极的同性相斥、异性相吸的原理，定子的旋转磁场与转子的永久磁场磁极相互吸引，并带动转子一起旋转，因此转子也将以同步转速 n_s 旋转。当转子轴加上外负载转矩时，转子磁极的轴线将与定子磁极的轴线相差一个 θ 角，若负载增大，则 θ 也随之增大。只要外负载不超过一定限度，转子就会与定子的旋转磁场一起旋转。当负载超过一定极限后，转子不再按同步转速旋转，甚至可能不转。这就是同步电机的失步现象，此负载的极限称为最大同步转矩。

2) 永磁式交流同步电机的转速-转矩曲线

永磁式交流同步伺服电机的转速-转矩曲线如图 3-28 所示。曲线分为连续工作区和断续工作区两部分。在连续工作区内，速度与转矩的任何组合都可以连续工作。断续工作区的极限一般受到电机供电的限制，当断续工作区比较大时，有利于提高电机的加、减速能力，尤其是在高速区。

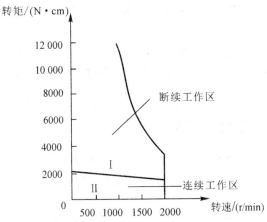

图 3-28 永磁式交流同步电机的转速-转矩曲线

永磁式交流同步电机的缺点是启动难，这是由于转子本身的惯量、定子与转子之间的转速差过大，使转子在启动时所受的电磁转矩的平均值为零所致，因此电机难以启动。解决的办法是在设计时设法减小电机的转动惯量，或在速度控制单元中采取先低速、后高速的控制方法。

2. 交流主轴电机

交流主轴电机是基于感应电机的结构而专门设计的。为增加输出功率和缩小电机体积，交流主轴电机通常采用定子铁芯在空气中直接冷却的方法，没有机壳，且在定子铁芯上做有通风孔。电机外形多呈多边形而不是常见的圆形，在电机轴尾部安装检测用的码盘。

交流主轴电机与普通感应式伺服电机的工作原理相同。在电机定子的三相绕组通以三相交流电时，就会产生旋转磁场，这个磁场切割转子中的导体，导体感应电流与定子磁场相作用产生电磁转矩，从而推动转子转动。同感应式伺服电机一样，交流主轴电机需要转速差才能产生电磁转矩，所以电机的转速低于同步转速，转速差随外负载的增大而增大。

3.4.2 交流伺服电机的调速原理

由电机学基本原理可知，交流电机的同步转速为

$$n_0 = \frac{60f_1}{p} \tag{3-7}$$

交流异步电机的转速公式为

$$n = \frac{60f_1}{p}(1-s) = n_0(1-s) \tag{3-8}$$

式中：f_1 为加在交流电机定子端三相交流电的频率；p 为电机极对数；s 为转差率。由式（3-7）和式（3-8）可知，交流电机可用以下调速方式。

1. 改变极对数调速

改变极对数调速通常只能获得有级调速，它是通过对定子绕组接线的切换以改变磁极对数来调速的。

2. 改变转差率调速

改变转差率调速实际上是由对异步电机转差功率的处理而获得的调速方法，常用的是降低定子电压调速、电磁转差离合器调速、线绕式异步电机转子串电阻调速或串级调速。

3. 变频调速

变频调速是通过平滑改变定子的供电电压频率 f_1 而使转速平滑变化的调速方法，这是交流电机的一种先进的调速方法。电机从高速到低速其转差率都很小，因而变频调速的效率和功率因数都很高。

3.4.3 交流伺服电机的变频调速

由式(3-7)和式(3-8)可见，只要改变交流伺服电机的供电频率，即可改变交流伺服电机的转速，所以交流伺服电机调速应用最多的是变频调速。

1. 变频调速的类型

变频调速的主要环节是为电机提供频率可变电源的变频器，变频器可分为交-交变频和交-直-交变频两种，如图3-29所示。交-交变频利用可控硅整流器直接将工频交流电（频率50 Hz）变成频率较低的脉动交流电，这个脉动交流电的基波就是所需的变频电压。

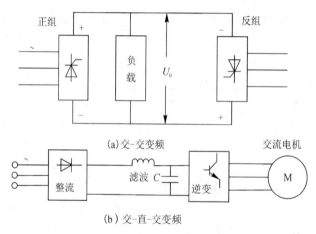

(a)交-交变频

(b) 交-直-交变频

图3-29　两种变频方式

交-直-交变频方式是先将交流电整流成直流电，然后将直流电压变成矩形脉冲波电压，这个矩形脉冲波的基波就是所需的变频电压。这种调频方式所得交流电的波动小，调频范围比较宽，调节线性度好，所以数控机床上常采用交-直-交变频调速。在交-直-交变频中，根据中间直流电路上的储能元件是大电容还是大电感，可分为电压型逆变器和电流型逆变器。

2. SPWM 逆变器的原理

SPWM(Sinusoidal Pulse Width Modulation)逆变器用来产生正弦脉宽调制波，如图3-30所示。正弦波的形成原理是把一个正弦半波分成 N 等分，然后把每一等分的正弦曲线与横坐标所包围的面积都用一个与此面积相等的等高矩形脉冲来代替，这样可得到 N 个等高但不等宽的脉冲，这 N 个脉冲对应着一个正弦波的正半周。对正弦波的负半周也采取同样的处理方法，从而得到相应的 $2N$ 个脉冲，这就是与正弦波等效的正弦脉宽调制波，即 SPWM 波。

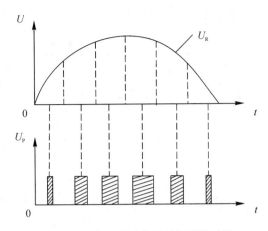

图 3-30　与正弦波等效的矩形脉冲波

3. 三角波调制法的原理

SPWM 波形可采用模拟电路，以"调制"的方法实现。SPWM 是用脉冲宽度不等的一系列等高矩形脉冲去逼近一个所需要的电压信号，它利用三角波电压与正弦参考电压作比较，以确定各分段矩形脉冲的宽度。图 3-31 所示为三角波调制法原理图，在电压比较器 Q 的两输入端分别输入正弦波参考电压 U_R 和频率与幅值固定不变的三角波电压 $U_\triangle$，在 Q 的输出端便得到 PWM 调制电压脉冲。

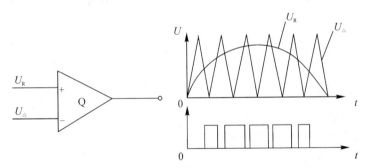

图 3-31　三角波调制法原理

由图 3-31 可以看出 PWM 脉冲宽度的确定方法为：当 $U_\triangle < U_R$ 时，Q 的输出端为高电平；当 $U_\triangle > U_R$ 时，Q 的输出端为低电平。U_R 与 $U_\triangle$ 交点之间的距离随正弦波的大小而变化，而交点之间的距离决定了比较器 Q 的输出脉冲的宽度，因而可以得到幅值相等但宽度不等的脉冲调制信号 U_P，且该信号的频率与三角波电压 $U_\triangle$ 相同。

4. 三相 SPWM 原理

要获得三相 SPWM 波形，则需要三个互成 120° 的控制电压 U_A、U_B、U_C 分别与同一三角波比较，从而获得三路互成 120° 的 SPWM 波 U_{0A}、U_{0B}、U_{0C}，如图 3-32 所示为三相 SPWM 波的调制原理，而三相控制电压 U_A、U_B、U_C 的幅值和频率都是可调的。因为三角波频率为正弦波频率 3 倍的整数倍，所以保证了三路脉宽调制波形 U_{0A}、U_{0B}、U_{0C} 和时间轴所组成的面积随时间的变化互成 120° 的相位角。

5. 三相电压型 SPWM 变频器的主回路

如图 3-33 所示，双极性 SPWM 变频器的主回路由两部分组成，即左侧的桥式整流器电路和右侧的逆变器电路，逆变器电路是其核心。

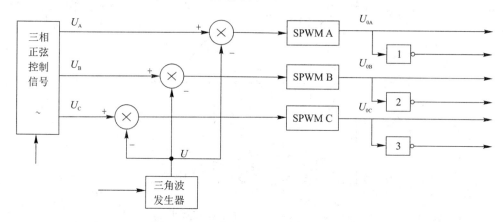

图 3 - 32　三相 SPWM 的控制电路框图

桥式整流器电路的作用是将三相工频交流电变成直流电，而逆变器电路的作用则是将整流器电路输出的直流电压逆变成三相交流电，驱动电机运行。直流电源并联中有大容量的电容器件 C_d，由于存在这个大电容，直流输出电压具有电压源特性，内阻很小，这使逆变器的交流输出电压被钳位为矩形波，而与负载性质无关，交流输出电流的波形与相位则由负载功率的因数决定。在异步电机变频调速的系统中，这个大电容同时又是缓冲负载无功功率的储能元件。直流回路电感 L_d 起限流作用，电感量很小。

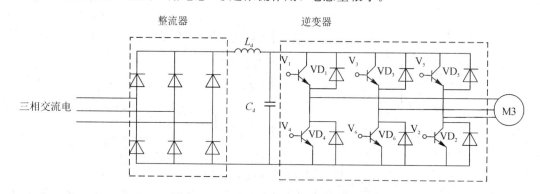

图 3 - 33　双极性 SPWM 变频器主回路

6. SPWM 变频调速系统的组成

图 3 - 34 为 SPWM 变频调速系统框图。速度（频率）给定器给定信号，用以控制频率、电压及正、反转；平稳启动回路使启动的加、减速时间可随机械负载的情况设定达到软启动的目的；函数发生器是为了在输出低频信号时，保持电机的气隙磁通一定、补偿定子电压降的影响而设置的。

电压频率变换器将电压信号转换成具有一定频率的脉冲信号，经分频器、环形计数器产生方波，和经三角波发生器产生的三角波一并送入调制回路。电压调节器和电压检测器构成闭环控制，电压调节器产生频率与幅值可调的控制正弦波，送入调制回路。在调制回路中进行 PWM 变换产生三相的脉冲宽度调制信号。在基极回路中输出信号至功率晶体管基极，即对 SPWM 的主回路进行控制，实现对永磁交流伺服电机的变频调速。电流检测器用于进行过载保护。

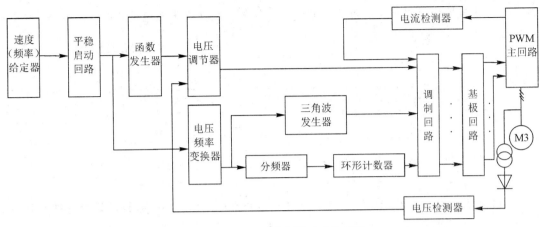

图 3 - 34　SPWM 变频调速系统框图

3.5　位置控制

　　数控机床进给伺服系统是位置随动系统，需要对位置和速度进行精确控制，通过对位置环、速度环、电流环的调节来实现。位置环和速度环（电流环）是紧密相连的，速度环的给定值就来自位置环。而位置环的输入一方面有来自轮廓插补器在每一个插补周期内插补运算输出的位置指令，另一方面有来自位置检测元件测得的机床移动部件的实际位置信号。插补得到的指令位移和位置检测元件得到的机床移动部件的实际位移在位置比较器中进行比较，得到位置偏差，位置控制单元再根据速度指令的要求及各环节的放大倍数（增益）对位置数据进行处理，把处理的结果送给速度环，作为速度环的给定值。位置控制原理见图 3 - 35。

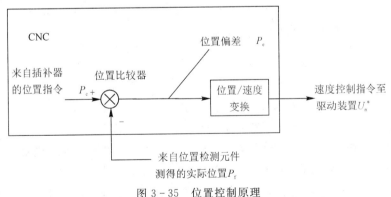

图 3 - 35　位置控制原理

3.5.1　数字脉冲比较伺服系统

　　数字脉冲比较伺服系统结构比较简单，常采用光电编码器或光栅作为位置检测装置，以半闭环的控制结构形式构成数字脉冲比较伺服系统。

　　1. 数字脉冲比较伺服系统的组成

　　图 3 - 36 所示为数字脉冲比较伺服系统的半闭环控制原理框图，其采用光电编码器作为位置检测装置。数字脉冲比较伺服系统的特点是指令脉冲信号与位置检测装置的反馈脉

冲信号在比较器中是以数字脉冲的形式进行比较的。系统位置环包括脉冲处理电路、光电编码器、比较器等环节。

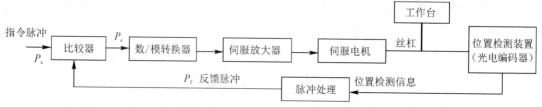

图 3-36　数字脉冲比较伺服系统的半闭环控制原理框图

2. 工作原理

当数控系统要求工作台向一个方向进给时，经插补运算得到一系列的进给脉冲作为指令脉冲 P_c，其数量代表了工作台的指令进给量，频率代表了工作台的进给速度，方向代表了工作台的进给方向。以增量式光电编码器为例，当光电编码器与伺服电机及滚珠丝杠直连时，随着伺服电机的转动，编码器测得的角位移量经脉冲处理后输出反馈脉冲 P_f，脉冲的频率将随着转速的快慢而升降。指令脉冲 P_c 与反馈脉冲 P_f 在数字脉冲比较器中进行比较，取得位置偏差信号 P_e，位置偏差信号 P_e 经 D/A 转换（全数字伺服系统不经 D/A 转换）、伺服放大后送入伺服电机，驱动工作台移动。

3. 脉冲比较电路

数字脉冲比较电路的基本组成有两个部分，一是脉冲分离电路，二是可逆计数器，如图 3-37 所示。应用可逆计数器实现脉冲比较的基本要求是：当输入指令脉冲为正（P_c+）或反馈脉冲为负（P_f-）时，可逆计数器作加法计数；当输入指令脉冲为负（P_c-）或反馈脉冲为正（P_f+）时，可逆计数器作减法计数。

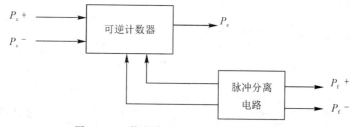

图 3-37　数字脉冲比较电路的基本组成

当这两路计数脉冲先后到来并有一定的时间间隔时，则计数器无论先加后减或先减后加，都能可靠地工作。但是，如果两路脉冲同时进入计数脉冲输入端，则计数器的内部操作可能会因脉冲的"竞争"而产生误操作，影响脉冲比较的可靠性。为此，必须在指令脉冲与反馈脉冲进入可逆计数器之前，进行脉冲分离处理。脉冲分离电路是由硬件逻辑电路保证先作加法计数，然后经过几个时钟的延时再作减法计数，这样可保证两路计数脉冲信号均不会丢失。

3.5.2　相位比较伺服系统

相位比较伺服系统的特点是将指令脉冲信号和位置检测反馈信号都转换为相应的同频率的某一载波的不同相位的脉冲信号，在位置控制单元进行相位的比较，它们的相位差就反映了指令位置与实际位置的偏差。

1. 相位比较伺服系统的组成

相位比较伺服系统的位置检测元件采用旋转变压器、感应同步器或磁栅，这些装置用于相位工作状态。相位比较首先要解决信号处理的问题，即怎样形成指令相位脉冲和实际相位脉冲，这主要由脉冲调相器及滤波、放大、整形电路来实现。相位比较的实质是脉冲相位之间超前或滞后关系的比较，可由鉴相器实现。

2. 相位比较伺服系统的工作原理

图 3-38 所示为一个采用感应同步器作为位置检测元件的相位比较伺服系统的原理框图。感应同步器取相位工作状态，以定尺的相位检测信号经整形放大后所得的 $P_{\theta f}$ 作为实际位置的反馈信号。指令脉冲 F_c 的数量、频率和方向分别代表了工作台的指令进给量、进给速度和进给方向，经脉冲调相器转变为相对于基准脉冲信号 f_0 的相位变化的指令脉冲信号 $P_{\theta c}$。$P_{\theta c}$ 和 $P_{\theta f}$ 为两个同频率的脉冲信号，输入鉴相器进行比较，比较后得到它们的相位差 $\Delta\theta$。伺服放大器和伺服电机构成的调速系统接受相位差 $\Delta\theta$ 信号以驱动工作台朝指令位置进给，从而实现位置跟踪。

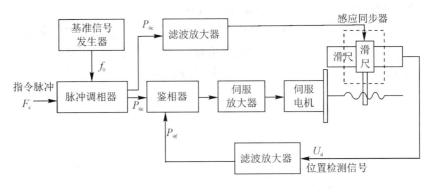

图 3-38 相位比较伺服系统的原理框图

当指令脉冲 $F_c=0$ 且工作台处于静止时，$P_{\theta c}$ 和 $P_{\theta f}$ 为两个同频率、同相位的脉冲信号，经鉴相器进行相位的比较判别，输出相位差 $\Delta\theta=0$。此时，伺服放大器的速度给定为 0，它输出到伺服电机的电枢电压亦为 0，工作台维持在静止状态。当指令脉冲 $F_c\neq0$ 时，若设 F_c 为正，经过脉冲调相器后，$P_{\theta c}$ 产生正的相移，由于工作台静止，$P_{\theta f}=0$，故鉴相器的输出 $\Delta\theta>0$，伺服驱动部分使工作台正向移动，此时 $P_{\theta f}\neq0$，经反馈比较，$\Delta\theta$ 变小，直到消除 $P_{\theta c}$ 与 $P_{\theta f}$ 的相位差。反之，若设 F_c 为负，则 $P_{\theta c}$ 产生负的相移，在 $\Delta\theta<0$ 的控制下，伺服机构驱动工作台作反向移动。

3. 脉冲调相器的工作原理

图 3-39 为脉冲调相器的组成原理框图。脉冲调相器也称脉冲-相位变换器，其作用有两个：一是通过对基准脉冲 f_0 进行分频，产生基准相位脉冲 $P_{\theta 0}$，由该脉冲形成的正、余弦励磁绕组的励磁电压 U_s、U_c 的频率与 $P_{\theta 0}$ 频率相同，感应电压 U_d 的相位随着工作台的移动而相对于基准相位 θ_0 有超前或滞后；二是通过对指令脉冲 F_c 的加、减，再通过分频产生相位超前或滞后于 $P_{\theta 0}$ 的指令相位脉冲 $P_{\theta c}$。由于指令相位脉冲 $P_{\theta c}$ 的相位 θ_c 和实际相位脉冲 $P_{\theta f}$ 的相位 θ_f 均以基准相位脉冲 $P_{\theta 0}$ 的相位 θ_0 为基准，因此 θ_c 和 θ_f 通过鉴相器可以获知是 θ_c 超前 θ_f，还是 θ_f 超前 θ_c，或者两者相等。

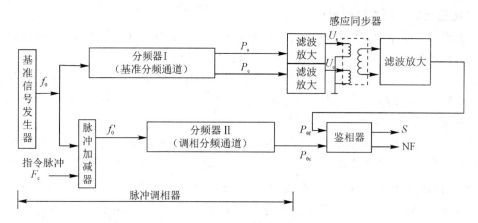

图 3 - 39　脉冲调相器的组成原理框图

　　基准脉冲 f_0 由石英晶体振荡器组成的脉冲发生器产生，以获得频率稳定的载波信号。f_0 信号的输出分成两路：一路直接输入 m 分频的二进制计数器，称为基准分频通道；另一路则先经过加减器，再进入分频数亦为 m 的二进制计数器，称为调相分频通道。上述两个计数器均为 m 分频，即当输入 m 个计数脉冲后产生一个溢出脉冲。基准分频通道应该输出两路频率和幅值相同、但相位互差 90°的电压信号，以供给感应同步器滑尺的正、余弦绕组励磁。为了实现这一要求，可将该通道中最末一级的计数触发器分成两个，如图 3 - 40所示。

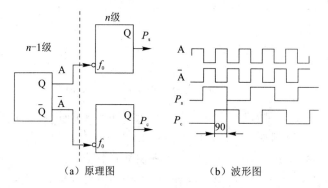

图 3 - 40　基准分频器末级相差 90°的输出

　　由于最后一级触发器的输入脉冲相差 180°，所以经过 2 分频后，它们输出端的相位互差 90°。由脉冲调相器基准分频通道输出的矩形脉冲，首先应经过滤除高频分量以及功率放大后才能形成供给滑尺励磁的正、余弦信号 U_s、U_c。然后由感应同步器电磁感应作用，可在其定尺上取得相应的感应电势 U_d，再经滤波放大，就可获得用作位置反馈的脉冲信号 $P_{\theta f}$。调相分频通道的任务是将指令脉冲信号 F_c 调制成与基准分频通道输出的励磁信号 P_s、P_c 同频率，而相位的大小和方向与指令脉冲 F_c 的多少、正负有关的脉冲信号 $P_{\theta c}$。

3.5.3　幅值比较伺服系统

　　幅值比较伺服系统是以位置检测信号的幅值大小来反映机械位移的数值，且以此作为位置反馈信号，并与指令信号进行比较，从而构成半闭环的控制系统，简称幅值伺服系统。

　　图 3 - 41 所示为一个采用旋转变压器作为位置检测元件的幅值比较伺服系统原理框

图，其由鉴幅器和电压/频率变换器组成的位置测量信号处理电路、比较器、数/模转换器、伺服放大器和伺服电机共五部分组成。该系统与相位伺服系统相比，最显著的区别是所用的位置检测元件以幅值方式工作，感应同步器和磁栅都可用于幅值比较伺服系统。

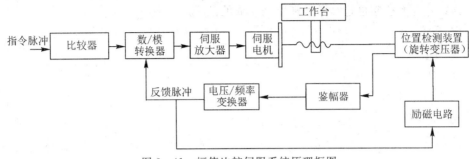

图 3-41　幅值比较伺服系统原理框图

3.5.4　全数字控制伺服系统

全数字控制伺服系统是用计算机软件实现数控系统中位置环、速度环和电流环的控制。在全数字式伺服系统中，CNC 系统直接将插补运算得到的位置指令以数字信号的形式传送给伺服驱动单元，伺服驱动单元本身具有位置反馈和位置控制的功能，速度环和电流环都具有数字化测量元件，速度控制和电流控制由专用 CPU 独立完成，对伺服电机的速度调节由微处理器来完成。CNC 与伺服驱动之间通过通信联系，采用专用接口芯片。

全数字控制伺服系统通过计算机软件实现最优控制，达到同时满足高速度和高精度的要求。全数字控制伺服系统采用现代控制理论，通过计算机进行控制，具有更高的动、静态控制精度，在检测灵敏度、时间、温度漂移和抗干扰性能等方面优于混合式伺服系统。

全数字控制伺服系统采用总线通信方式，极大地减少了连接电缆，便于机床的安装、维护，提高了系统的可靠性；同时，全数字式伺服系统具有丰富的自诊断、自测量和显示功能。目前，全数字控制伺服系统在数控机床的伺服系统中得到了越来越多的应用。数字化控制发展的关键是依靠控制理论及算法、检测传感器、电力器件、电子器件和微处理器功能等的发展。

图 3-42 为全数字控制伺服系统的原理图。图中，电流环、位置环均设置数字化测量传感器，速度环的测量也是数字化的，可以通过位置测量传感器得到。

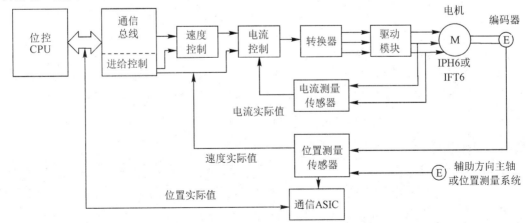

图 3-42　全数字控制伺服系统原理图

从图 3-42 中可以看到，速度控制和电流控制是由专用 CPU（图中"进给控制"框）完成的，位置反馈、比较等处理工作通过高速通信总线由"位控 CPU"完成，位置偏差由通信总线传给速度环。此外，各种参数控制及调节都是由微处理器实现的，特别是正弦脉宽调制变频器的矢量变换控制也是由微处理器来完成的。

第4章 位置检测装置

4.1 概述

检测装置是数控机床的重要组成部分。闭环系统中其主要作用是检测位移量，发出反馈信号，并与数控装置发出的指令信号相比较，若有偏差，经放大后控制执行部件，使其向着消除偏差的方向运动，直至偏差等于零为止。

闭环数控系统为反馈控制的随动系统，该系统的输出组是机械位移、速度或加速度，利用这些量的反馈实现精确的位移、速度控制的目的。数控系统的检测装置（即传感器）起着测量和反馈两个作用，它发出信号，传送给数控装置，并构成闭环控制。从一定意义上讲，数控机床的加工精度主要取决于检测装置的精度。传感器能分辨出的最小测量值称为分辨率，分辨率不仅取决于传感器本身，也取决于测量线路。因此，研制和选用性能优良的检测装置是非常重要的。

4.1.1 数控机床对检测装置的要求

数控机床对检测装置的要求有：
(1) 高可靠性和抗干扰能力；
(2) 满足精度和速度要求；
(3) 成本低，使用维护和安装方便，适合机床的运行环境；
(4) 易于实现高速的动态测量。

4.1.2 位置检测装置的分类

数控机床检测装置的种类很多，若按被检测的几何量分类，有回转型（测角位移）和直线型（测线位移）；若按检测信号的类型分类，有数字式和模拟式；若按检测量的基准分类，有增量式和绝对式。表4-1所示为检测装置的类型。对于不同类型的数控机床，工作条件和检测要求不同，可采用不同的检测方式。

表4-1 检测装置的类型

	数 字 式		模 拟 式	
	增量式	绝对式	增量式	绝对式
回转型	增量式脉冲编码器、圆光栅	绝对式脉冲编码器	旋转变压器、圆感应同步器、圆磁尺	多级旋转感应同步器、三速圆感应同步器
直线型	计量光栅、激光干涉仪	多通道投射光栅	直线感应同步器、磁尺	三速直线感应同步器、绝对式磁尺

1. 增量式与绝对式

1）增量式检测方式

增量式检测方式检测的是相对位移增量，是终点对起点的位置坐标增量，移动一个测量单位就发出一个测量信号，任何一个点都可以作为测量起点，因而检测装置比较简单。其缺点是对测量信号记数后才能读出位移距离，一旦计数有误，此后的测量结果将全错。发生故障时（如断电、断刀等）不能再找到事故前的正确位置，事故排除后，必须将工作台移至起点重新计数才能找到事故前的正确位置。在轮廓控制数控机床上大都采用这种测量方式，典型的检测元件有感应同步器、光栅、磁尺等。

2）绝对式检测方式

在绝对式检测方式中，被测量的任一点的位置都由一个固定的测量基准（即坐标原点）算起，每一测量点都有一个相对原点的绝对测量值。这样就避免了增量式检测方式的缺陷，但其结构较为复杂。

2. 数字式与模拟式

1）数字式检测方式

数字式检测是将被测量单位量化后以数字形式表示，数字式检测输出的测量信号一般为电脉冲，可以直接把它送到数控装置（计算机）中进行比较、处理。其典型的测量装置如光栅位移测量装置。

数字式检测装置的特点如下：

（1）被测量量化后转换成脉冲个数，便于显示和处理；

（2）测量精度取决于测量单位，与量程基本无关；

（3）检测装置比较简单，脉冲信号抗干扰能力强。

2）模拟式检测方式

模拟式检测是将被测量用连续的变量来表示，在数控机床中模拟式检测主要用于小量程测量。它的主要特点如下：

（1）直接对被测量进行检测，无需量化；

（2）在小量程内可以实现高精度测量；

（3）可用于直接检测和间接检测。

3. 直接测量与间接测量

1）直接测量

直接测量是将检测装置直接安装在执行部件上，对机床的直线位移采用直线型检测装置测量。其优点是直接反映工作台的直线位移量，直接测量的测量精度主要取决于测量元件的精度，不受机床传动精度的影响；缺点是检测装置要与行程等长，这对大型数控机床来说是一个很大的限制。

2）间接测量

间接测量是指采用回转型检测元件，测量与工作台运动相关联的伺服电机输出轴或丝杠回转运动来间接地测量机床的直线位移，从而间接地反映工作台的位移。间接测量使用可靠、方便，无长度限制；缺点是在检测信号中加入了将直线运动转变为旋转运动的传动链误差，从而影响检测精度。因此，为了提高定位精度，常常需要对机床的传动误差进行补偿。

4.2　旋转变压器

4.2.1　旋转变压器的结构

　　旋转变压器是一种输出电压随转子转角变化的角位移测量装置，是一种控制用的微电机，它将机械转角变换成与该转角呈某一函数关系的电信号。当励磁绕组以一定频率的交流电压激励时，输出绕组的电压幅值与转角成正、余弦函数关系。也可以改变连接方式，使输出电压在一定范围内呈线性关系。这两种旋转变压器分别称为正、余弦旋转变压器和线性旋转变压器。旋转变压器在结构上与两相线绕式异步电动机相似，由定子和转子组成，定子绕组为变压器的原边，转子绕组为变压器的副边。励磁电压接在定子绕组上，其频率通常为 400 Hz、500 Hz、1000 Hz 和 5000 Hz。旋转变压器结构简单、动作灵敏，对环境无特殊要求，维护方便，输出信号幅度大，抗干扰性强，工作可靠，因此，在数控机床上得到了广泛应用。

　　有刷旋转变压器的定子与转子上两相绕组轴线分别相互垂直，转子绕组的引线（端点）经滑环引出，并通过电刷送到外面来。无刷旋转变压器无电刷与滑环，由分解器和变压器组成，如图 4 - 1 所示，左边是分解器，右边是变压器。

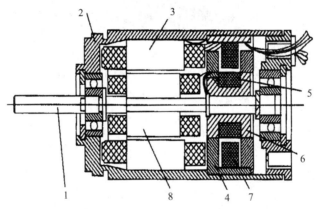

1—转子轴；2—壳体；3—分解器定子；4—变压器定子；

5—变压器一次线圈；6—变压器转子线轴；7—变压器二次线圈；8—分解器转子

图 4 - 1　旋转变压器的结构示意图

4.2.2　旋转变压器的工作原理

　　旋转变压器根据互感原理工作，定子与转子之间的气隙磁通分布呈正、余弦规律。当定子加上一定频率的励磁电压时（频率为 2～4 kHz 的交变电压），通过电磁耦合，转子绕组产生感应电动势，其输出电压的大小取决于定子和转子两个绕组轴线在空间的相对位置，并随着转子偏转的角度呈正弦变化。两者平行时感应电动势最大，两者垂直时感应电动势为零。

　　单极对旋转变压器的工作情况如图 4 - 2 所示。

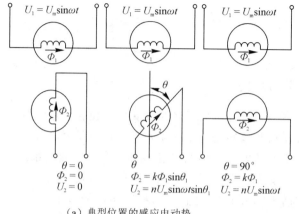

（a）典型位置的感应电动势

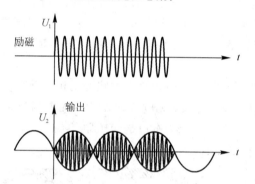

（b）定子励磁电压和转子感应电动势变化的波形图

图 4-2　旋转变压器的工作原理

设一次绕组匝数为 N_1，二次绕组匝数为 N_2，$n = N_1/N_2$，为变压比，转子绕组的磁轴与定子绕组的磁轴位置转动角度为 θ，当一次侧输入交变电压为

$$U_1 = U_m \sin\omega t \qquad (4-1)$$

则二次侧产生感应电压：

$$U_2 = nU_1 = nU_m \sin\omega t \sin\theta \qquad (4-2)$$

式中：U_2 为转子绕组的感应电压；U_1 为定子的励磁电压；U_m 为励磁电压的幅值。

旋转变压器是一台小型交流电机，二次绕组跟着转子一起旋转，由式（4-2）可知其输出电压随着转子的角向位置呈正弦规律变化。当转子绕组磁轴与定子绕组磁轴垂直时，$\theta = 0°$，不产生感应电压，$U_2 = 0$；当两磁轴平行时，$\theta = 90°$，感应电压 U_2 最大，此时的 U_2 为

$$U_2 = nU_m \sin\omega t \qquad (4-3)$$

4.2.3　旋转变压器的工作方式

实际中应用较多的是利用定子上的一对正交绕组的正、余弦旋转变压器，正、余弦旋转变压器的工作原理如图 4-3 所示。

正、余弦旋转变压器的定子和转子绕组中各有互相垂直的两个绕组，定子上的两个绕组分别为正弦绕组（励磁电压为 U_{1s}）和余弦绕组（励磁电压为 U_{1c}），转子绕组中的一个绕组输出电压为 U_2，另一个绕组接高阻抗，用来补偿转子对定子的电枢反应。

当定子绕组通以不同的励磁电压时，作为位置检测元件的旋转变压器有两种不同的工作方式：鉴相工作方式和鉴幅工作方式。

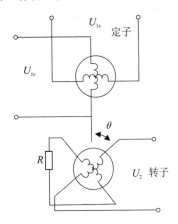

图 4-3　正弦余弦旋转变压器的工作原理

1. 鉴相工作方式

鉴相工作方式中，对定子的两相绕组分别施加幅值相等、频率相同、但相位相差 90° 的励磁电压，即 $U_{1s} = U_m \sin\omega t$，$U_{1c} = U_m \cos\omega t$，则由叠加原理可得转子绕组中的感应电压信号为

$$U_2 = nU_m \sin\omega t \sin\theta + nU_m \cos\omega t \cos\theta = nU_m \cos(\omega t - \theta) \qquad (4-4)$$

当转子反方向旋转时，可得

$$U_2 = nU_m \cos(\omega t + \theta) \qquad (4-5)$$

由此可见，转子输出信号的相位角与转子的偏转角之间有严格的对应关系，通过检测转子输出电压的相位角，就可以测量任何与转子轴相连接的轴的偏转角。如果把旋转变压器装在机床丝杠的一头，就可以测出转角，从而也就可以间接地测出机床工作的直线位移。

2. 鉴幅工作方式

如果定子绕组分别通以频率相同、但幅值不同的交流电压，即

$$U_{1s} = U_m \sin\phi \sin\omega t，U_{1c} = U_m \cos\phi \sin\omega t$$

可得转子绕组上的感应电压为

$$U_2 = nU_m \sin\phi \sin\omega t \sin\theta + nU_m \cos\phi \sin\omega t \sin\theta = nU_m \cos(\phi - \theta) \sin\omega t \qquad (4-6)$$

可见，感应电压的幅值随转角 θ 的变化而变化，通过测量感应电压的幅值即可以得到转子位置的信息。

4.2.4　旋转变压器的应用

根据以上分析可知，通过测量旋转变压器二次绕组的感应电压 U_2 的幅值或相位的变化，就可知转子偏转角 θ 的变化。如果将旋转变压器安装在数控机床的丝杠上，当 θ 角从 0° 变化到 360° 时，表示丝杠上的螺母走了一个导程，这样就间接地测量了丝杠的直线位移（导程）。当测量全长时，由于普通旋转变压器属于增量式测量装置，如果将其转子直接与丝杠相连，转子转动一周，仅相当于工作台 1 个丝杠导程的直线位移，不能反映全行程。

因此，要检测工作台的绝对位置，需要加一台绝对位置计数器，累计所走的导程数以折算成位移总长度。为区别转向，需要加一只相敏检波器来辨别不同的转向。此外，还可以用 3 个旋转变压器按 1:1、10:1 和 100:1 的比例相互配合串接，组成精、中、粗 3 级旋转变压器的测量装置。这样，如果转子以半周期直接与丝杠耦合（即"精"同步），结果使丝杠位移 10 mm，则"中"测旋转变压器的工作范围为 100 mm，"粗"测旋转变压器的工作范围为 1000 mm。为了使机床工作台按指令值到达一定的位置，需用电气转换电路在实际值不断接近指令值的过程中，使旋转变压器从"粗"转换到"中"，再转换到"精"，最终的位置检测精度由"精"旋转变压器决定。

4.3 感应同步器

感应同步器是一种电磁感应式多极位置传感元件。它的极对数可以做得很多，一般取 360 或 720 对极，最多的可达 2000 对极。由于多极结构在电与磁两方面均能对误差起补偿作用，所以具有很高的精度。感应同步器的励磁频率一般取 2～10 kHz。感应同步器有测量直线位置的直线感应同步器和测量角度位移的圆感应同步器。

4.3.1 感应同步器的结构与种类

1. 直线感应同步器

感应同步器是由旋转变压器演变而来的，两者都是利用电磁感应原理来检测位置的传感器，感应同步器具有对环境要求低、受污染和灰尘影响小、工作可靠、抗干扰能力强、维护方便及寿命长等优点。感应同步器用在机床上来进行位置检测以实现位置控制，与数显表相配合，可用于大、中型机床坐标轴的进给显示。直线感应同步器的结构如图 4-4 所示。

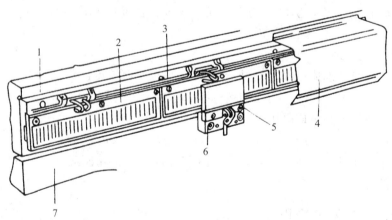

1—机床不动部件；2—定尺；3—定尺座；4—防护罩；5—滑尺；6—滑尺座；7—机床可动部件

图 4-4 直线感应同步器外形图

直线感应同步器的定尺和滑尺的绕组结构如图 4-5 所示。

定尺为连续绕组，节距（亦称极距）为 $\omega_2 = 2(a_2 + b_2)$。其中，a_2 为导电片宽，b_2 为片间间隙，定尺节距 ω_2 即为检测周期 2τ，常取 $2\tau = 2$ mm。

滑尺为分段绕组，分为正弦和余弦绕组两部分，绕组可做成 W 形或 U 形。如图

4-5(b)和4-5(c)的中所示的1、1′为正弦绕组，2、2′为余弦绕组，两者在空间错开定尺节距(电角度错开 $\pi/2$)的1/4。两绕组的节距都为 $\omega_1 = 2(a_1 + b_1)$。其中，a_1 为导电片宽，b_1 为片间间隙，一般取 $\omega_1 = \omega_2$ 或者取 $\omega_1 = \dfrac{2}{3}\omega_2$。正弦和余弦绕组的中心距 l_1 为

$$l_1 = 2\tau\left(\frac{n}{2} + \frac{1}{4}\right) = \tau\left(n + \frac{1}{2}\right) \tag{4-7}$$

式中：n 为任意正整数。

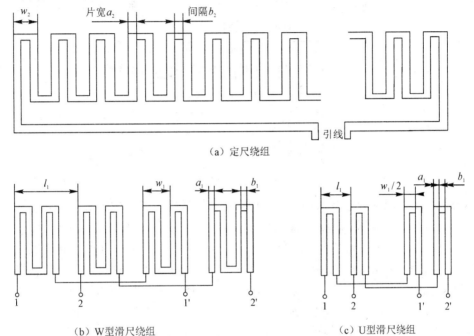

（a）定尺绕组

（b）W型滑尺绕组　　　　　　　　（c）U型滑尺绕组

图 4-5　直线感应同步器的定尺与滑尺绕组结构

2. 圆感应同步器

圆感应同步器的定子、转子都采用不锈钢、硬铝合金等材料作基板，呈环形辐射状。定子和转子相对的一面均有导电绕组，绕组用厚度为 0.05 mm 的铜箔构成。基板和绕组之间有绝缘层。绕组表面还加有一层与绕组绝缘的屏蔽层，材料为铝箔或铝膜。转子绕组为连续绕组，定子上有两相正交绕组(正弦绕组和余弦绕组)，作成分段式，两相绕组交差分布，其电角度相差 $90°$，如图 4-6 所示。

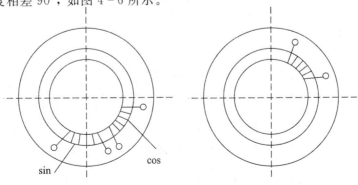

（a）定子绕组（分段式）　　　　　　（b）转子绕组（连续式）

图 4-6　圆感应同步器的绕组结构

4.3.2 感应同步器的工作原理

如图 4-7 所示，直线式感应同步器的定尺是单向均匀的感应绕组，绕组节距为 2τ，每个节距相当于绕组空间分布的一个周期（2π）。滑尺上有两组励磁绕组，一组为正弦励磁绕组，另一组为余弦励磁绕组，两绕组的节距与定尺相同，并相互错开 1/4 节距排列，当正弦励磁绕组的每一只线圈和定尺对准时，则余弦励磁绕组的每一只线圈和定尺相差 $\tau/2$ 的距离，若 $2\tau=2\pi$（电角度），则 $\tau/2$ 的距离相当于二者相差 $\pi/2$ 的电角度。

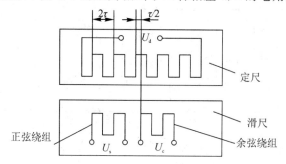

图 4-7　直线式感应同步器的工作原理图

当向滑尺上的绕组通以交流励磁电压时，则在滑尺绕组中产生励磁电流，绕组周围产生按正弦规律变化的磁场。由电磁感应效应，在定尺上感应出感应电压，当滑尺与定尺间产生相对位移时，由于电磁耦合的变化，使定尺上的感应电压随位移的变化而变化。如图 4-8 所示，当定尺与滑尺的绕组重合时，如图 4-8 中 a 点所示，这时定尺上的感应电压最大。当滑尺相对于定尺作平行移动时，感应电压就慢慢减小，到二者刚好错开 1/4 节距时，如图 4-8 中的 b 点所示，感应电压为零。再继续移动到 1/2 节距位置，即图 4-8 中的 c 点时，得到的感应电压值与 a 点相同但极性相反。再移动到 3/4 节距，即图 4-8 中的 d 点

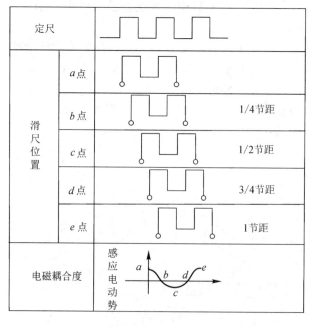

图 4-8　定尺绕组产生感应电压的原理图

时，感应电压又变为零。当移动到一个节距，即图中 e 点位置时，情况又和 a 点相同。这样，在滑尺移动一个节距的过程中，感应电压变化了一个余弦波形，感应同步器就是利用这个感应电压的变化来进行位置检测的。

4.3.3 感应同步器的工作方式

根据不同的励磁供电方式，感应同步器也有两种不同的工作方式：鉴相工作方式和鉴幅工作方式。

1. 鉴相工作方式

在此工作方式下，给滑尺的正弦绕组和余弦绕组分别通以幅值、频率相同，而相位相差 90° 的交流电压，即对正弦绕组施加励磁电压 $U_s = U_m \sin\omega t$，余弦绕组施加励磁电压 $U_c = U_m \cos\omega t$。由线性系统的叠加原理，可以得到定尺上的感应电压为

$$U_d = KU_m \sin\omega t \cos\theta - KU_m \cos\omega t \sin\theta = KU_m(\sin\omega t - \theta) \tag{4-8}$$

设感应同步器的节距为 2τ，则测量滑尺的直线位移 x 和相位差 θ 之间的关系为

$$\theta = \frac{2\pi x}{2\tau} = \frac{\pi x}{\tau} \tag{4-9}$$

由式(4-9)可知，在一个节距内，θ 与 x 是一一对应的，所以通过测量定尺感应电压的相位角 θ 即可测量出滑尺相对于定尺的位移 x。例如，如果定尺感应电压与滑尺励磁电压之间的相位角 $\theta = 180°$，则在节距 $2\tau = 2$ mm 的情况下，表明滑尺移动了 1 mm。

2. 鉴幅工作方式

在此工作方式下，给滑尺的正弦绕组和余弦绕组分别通以相位、频率相同，但幅值不同的交流电压，并根据定尺上感应电压的幅值变化来测量滑尺和定尺之间的相对位移量。

加在滑尺的正弦、余弦绕组上励磁电压幅值的大小应分别与要求工作台移动的 x_1（与位移相应的相位角为 θ_1）成正弦、余弦关系，如下所示：

$$\begin{cases} U_s = U_m \sin\theta_1 \sin\omega t \\ U_c = U_m \cos\theta_1 \sin\omega t \end{cases} \tag{4-10}$$

根据叠加原理，可以求得最终定尺绕组上的感应电压为

$$\begin{aligned} U_d &= KU_m \sin\theta_1 \sin\omega t \cos\theta - KU_m \cos\theta_1 \sin\omega t \cos\theta \\ &= KU_m \sin(\theta_1 - \theta) \sin\omega t \end{aligned} \tag{4-11}$$

由式(4-11)可知，在鉴幅式工作方式中，定尺上感应电压的幅值随指令给定的位移 $x_1(\theta_1)$ 与工作台实际位移量 $x(\theta)$ 的差值以正弦规律变化。

4.3.4 感应同步器的特点

感应同步器广泛应用于数控机床的位置检测装置中，它具有以下一系列优点。

（1）精度高。

因为定尺的极对数很多，定尺的节距误差有平均自补偿作用，所以尺子本身的精度能做得很高。直线感应同步器对机床位移的测量是直接测量，不经过任何机械传动装置，测量精度主要取决于尺子的精度。感应同步器的灵敏度（或称分辨率）取决于对一个周期进行电气细分的程度，灵敏度的提高受到电子细分电路中信噪比的限制，只要对线路进行精心设计和采取严密的抗干扰措施，就可以把电噪声降到很低，以获得很好的稳定性。目前直

线型感应同步器的精度可以达到 ±0.001 mm，重复精度为 0.0002 mm，灵敏度为 0.000 05 mm。直径为 302 mm 的旋转型感应同步器的精度可以达到 0.5″，重复精度为 0.1″，灵敏度为 0.05″。

（2）测量长度不受限制。

当测量长度大于 250 mm 时，可采用多块定尺接长，相邻定尺间隔可用块规或激光测长仪进行调整，使总长度上的累计误差不大于单块定尺的最大偏差。尺与尺之间的连接方式如图 4-9 所示，当定尺少于 10 块时，将各绕组串联连接，如图 4-9(a)所示；当多于 10 块时，先将各绕组分成两组串联，然后再将此两组并联，如图 4-9(b)所示。具体采用何种连接方式以不使定尺绕组阻抗过高为原则。

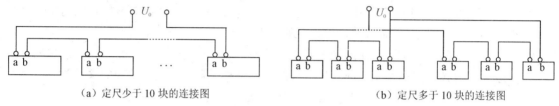

（a）定尺少于 10 块的连接图　　　　　　（b）定尺多于 10 块的连接图

图 4-9　感应同步器的定尺接长图

（3）对环境的适应性强。

因为感应同步器的金属基板和床身铸铁的热膨胀系数相近，所以当温度变化时，能获得较高的重复精度，另外，感应同步器是非接触式的空间耦合器件，对尺面防护的要求低，而且选择耐温性能良好的非导磁性涂料做保护层，可以加强感应同步器的抗温防湿能力，同时在绕组的每个周期内，任何时候都可以给出与绝对位置相对应的单值电压信号，使其不受环境干扰的影响。

（4）维护简单，使用寿命长。

感应同步器的定尺和滑尺互不接触，因此无任何摩擦、磨损，使用寿命长，且无须担心元件老化等问题。但是感应同步器大多装在切削或切削液容易入侵的部位，所以必须用钢带或折罩覆盖，以免切屑划伤滑尺与定尺的绕组。

（5）抗干扰能力强，工艺性好，成本低，便于复制和成批生产。

4.3.5　感应同步器安装使用的注意事项

安装感应同步器时应注意以下事项：

（1）感应同步器的定尺安装在机床的不动部件上，滑尺安装在机床的移动部件上，为防止切屑和油污的浸入，一般应在感应同步器上安装防护罩。

（2）感应同步器在安装时必须保持定尺和滑尺平行，两尺面间的间隙约为 0.25±0.05 mm，其他安装要求视具体的产品说明而定。这样，才能保证定尺和滑尺在全部工作长度上正常耦合，减少测量误差。

（3）直线感应同步器的标准定尺长度一般为 250 mm，当需要增加测量范围时，可将定尺接长。要根据具体的使用情况，按照一定的步骤和要求拼接定尺，全部定尺接好后，采用激光干涉仪或量块加千分表进行全长误差测量，对超差处进行重新调整，使得总长度上的累积误差不大于单块定尺的最大偏差。

（4）由于感应同步器感应电动势低，阻抗低，应加强屏蔽以防止干扰。

4.4　光　栅

光栅按用途分为两大类，一类是物理光栅（亦称衍射光栅），另一类是计量光栅。物理光栅的刻线细密，线纹密度一般为 200～500 条/mm，线纹相互平行且距离相等，线纹间的距离称为栅距。物理光栅是利用光的衍射原理制成的，常用于光谱分析和光波波长的测定。计量光栅是利用光的透射和反射原理制成的，常用于数控机床的检测系统。这里所讨论的光栅是指计量光栅。

4.4.1　光栅的种类与精度

计量光栅按形状可分为长光栅（又称直线光栅）和圆光栅。长光栅用于检测直线位移，圆光栅用于测量转角位移。

1. 长光栅

按制作原理的不同，长光栅又可以分成玻璃透射光栅和金属反射光栅。

（1）玻璃透射光栅是在玻璃表面上用真空镀膜法镀一层金属膜，再涂上一层均匀的感光材料，用照相腐蚀法制成透明与不透明间隔相等的线纹，也有用刻蜡、腐蚀、涂黑工艺制成的光栅。玻璃透射光栅的特点如下：

① 光源可以垂直入射，光电元件可直接接受光信号，因此信号幅度大，读数头的结构比较简单；

② 每毫米上的线纹数多，一般为每毫米 100、125、250 条，再经过电路细分，可做到微米级的分辨率。

（2）金属反射光栅是在钢尺或不锈钢的镜面上用照相腐蚀法或用钻石刀直接刻画制成的光栅线纹。金属反射光栅常用的线纹数为每毫米 4、10、25、40、50 条，因此，其分辨率比玻璃透射光栅低。金属反射光栅的特点如下：

① 标尺光栅的线膨胀系数很容易做到与机床材料一致；

② 标尺光栅的安装和调整比较方便；

③ 安装面积较小；

④ 易于接长或制成整根的钢带长光栅；

⑤ 不易碰碎。

2. 圆光栅

圆光栅是在玻璃圆盘的外环端面上做成的黑白相间的条纹，条纹呈辐射状，相互间的夹角（称为栅距角）相等。根据不同的使用要求，在圆周内的线纹数也不相同。圆光栅一般有 3 种形式：

（1）六十进制，如圆周内的线纹数为 10 800，21 600，32 400，64 800 等；

（2）十进制，如圆周内的线纹数为 1000，2500，5000 等；

（3）二进制，如圆周内的线纹数为 512，1024，2048 等。

3. 计量光栅的精度

计量光栅的精度主要取决于光栅尺本身的制造精度，也就是计量光栅任意两点间的误差。由于激光技术的发展，光栅的制作精度得到了很大的提高，目前光栅精度可达到微米级，再通过细分电路可以达到 $0.1~\mu m$ 甚至更高的分辨率，如 $0.025~\mu m$。

表 4-2 列出了几种光栅的精度数据。表中的"精度"指两点间的最大均方根误差。从表 4-2 中可以看出，在各种光栅中，以玻璃衍射光栅的精度为最高。

表 4-2 各种光栅的精度

计量光栅		光栅尺寸（长度或直径）/mm	线纹数	精度
长光栅	玻璃透射光栅	500	100/mm	$5~\mu m$
		1000		$10~\mu m$
		1100		$10~\mu m$
		1100		$3\sim5~\mu m$
		5000		$2\sim3~\mu m$
	金属反射光栅	1220	40/mm	$13~\mu m$
		500	25/mm	$7~\mu m$
	高精度金属反射光栅	1000	50/mm	$7~\mu m$
	玻璃衍射光栅	300	250/mm	$\pm1.5~\mu m$
圆光栅	玻璃圆光栅	Φ270	10 800 周	$3''$

4.4.2 光栅的结构与测量原理

1. 光栅的结构

光栅由标尺光栅（又称长光栅）和光栅读数头两部分组成，标尺光栅一般安装在机床的活动部件上（如工作台上），光栅读数头安装在机床的固定部件上（如机床底座上）。指示光栅（又称短光栅）安装在光栅读数头中，当光栅读数头相对于标尺光栅移动时，指示光栅便在标尺光栅上相对移动。标尺光栅和指示光栅构成了光栅尺。

图 4-10 所示为一光栅尺示意图，标尺光栅和指示光栅上均匀地刻有很多条纹，从局部放大来看，黑的部分为不透光的宽度（缝隙宽度）a，白的部分为透光的宽度（刻线宽度）b，设栅距为 d，则 $d=a+b$。通常情况下，光栅尺刻线的不透光和透光的宽度是一样的，即 $a=b$。在安装光栅尺时，标尺光栅和指示光栅的平行度以及两者之间的间隙（一般取 0.05 mm 或 0.1 mm）要严格保证。

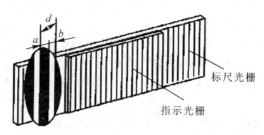

图 4-10 光栅尺示意图

光栅读数头又称光电转换器，它由光源、透镜、指示光栅、光敏元件和驱动线路组成。光栅读数头的结构形式有很多，按光路分类，常见的有分光读数头、垂直入射读数头、反射读数头等，其光路图分别如图 4-11(a)、图 4-11(b)、图 4-11(c)所示。图中，Q 表示光源，L 表示透镜，G 表示光栅，P 表示光电元件。

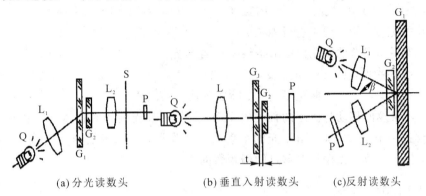

(a) 分光读数头　　　　(b) 垂直入射读数头　　　　(c)反射读数头

图 4-11　光栅读数头光路图

2. 光栅的基本测量原理

如图 4-12 所示，对于栅距 d 相等的指示光栅和标尺光栅，当两光栅尺沿线纹方向保持一个很小的夹角 θ，刻划面相对平行且有一个很小的间隙(一般取 0.05 mm，0.1 m)放置时，在光源的照射下，由于光的衍射或遮光效应，在与两光栅的栅线夹角 θ 的平分线相垂直的方向上，就形成了明暗相间的条纹，这种条纹称为"莫尔条纹"。由于 θ 角很小，所以莫尔条纹近似垂直于光栅的线纹，故有时又称"莫尔条纹"为"横向莫尔条纹"。莫尔条纹中两条亮纹或两条暗纹之间的距离称为莫尔条纹的宽度，以 w 表示。

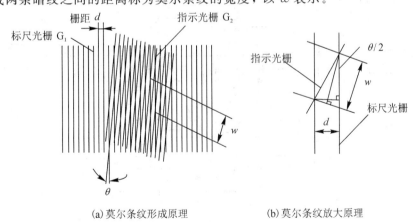

(a)莫尔条纹形成原理　　　　(b)莫尔条纹放大原理

图 4-12　光栅的工作原理

莫尔条纹具有如下特性：

(1) 起放大作用。在两光栅的栅线夹角较小的情况下，莫尔条纹的宽度 w 和光栅栅距 d、栅线角 θ 之间有下列关系：

$$w = \frac{d/2}{\sin(\theta/2)} \tag{4-12}$$

由于 θ 角度非常小，近似可取 $\sin\dfrac{\theta}{2} \approx \dfrac{\theta}{2}$，故由式(4-12)可以得到莫尔条纹的宽度为

$$w = \frac{d}{\theta} \qquad\qquad (4-13)$$

由于光栅的栅线很密，如果不进行光学放大，则不能直接用光敏器件来测量光栅移动的光强变化，所以必须采用莫尔条纹的方法来测距。由式 $(4-13)$ 可知，若栅距 $d=0.01$ mm，$\theta=0.01$ rad，则莫尔条纹的宽度 $w=1$ mm，即把光栅栅距转换成放大了 100 倍的莫尔条纹的宽度，从而便于进行测量。

（2）实现平均误差的作用。莫尔条纹是由若干光栅条纹共同作用形成的，例如，对于每毫米 100 线的光栅，10 mm 宽的莫尔条纹就有 1000 条线纹，这样栅距之间的相邻误差就会被平均化，消除了由于栅距不均匀、断裂等造成的误差。

（3）莫尔条纹的移动与栅距的移动成比例。如果两片光栅相对移过一个栅距，则莫尔条纹相应移过一个条纹间距。由于光的衍射与干涉作用，莫尔条纹的变化规律近似正、余弦函数，变化周期数与光栅相对移过的栅距数同步。

4.4.3 光栅测量系统

光源通过标尺光栅和指示光栅，再由物镜聚焦射到光电元件上，光电元件把两块光栅相对移动时产生的莫尔条纹明暗的变化转变为电流变化。当标尺光栅沿与其线纹垂直方向相对的指示光栅移动时，若指示光栅的线纹与标尺光栅的透明间隔完全重合，光电元件接收到的光通量最小；若指示光栅的线纹与标尺光栅的线纹完全重合，光电元件接收到的光通量最大。一般的光电元件会形成 4 路莫尔条纹，进行差动放大、整形、方向判别等，转换成正、反脉冲进入可逆计数器进行脉冲计数，从而实现对位置进行测量。为了提高光栅检测的分辨率，通常还需对其进行倍频处理。图 4-13 所示为光栅的 4 倍频线路原理图。

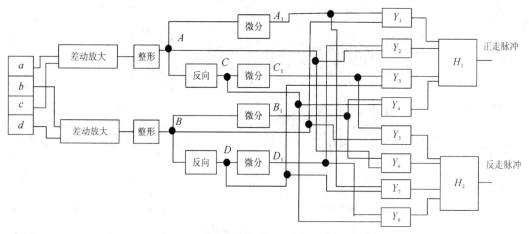

图 4-13 光栅的 4 倍频线路原理图

4.5 磁栅

磁栅又称磁尺，是计算磁波数目的一种位置检测元件，可用于直线和角位移的测量。它的特点如下：

（1）制作简单，安装、调整方便，成本低。磁栅上的磁化信号录制完后，若发现不符合要求，可抹去重录，亦可安装在机床上再录磁，避免安装误差。

（2）磁栅的长度可任意选择，亦可录制任意节距的磁信号。

（3）对使用环境要求低，可在油污、粉尘较多的环境中应用，具有较好的稳定性。

因此，磁栅较广泛地应用在数控机床、精密机床和各种测量机上。

4.5.1 磁栅的分类

按磁性标尺的基体形状的不同，磁栅可以分为测量直线位移用的实体型磁栅、带状磁栅、线状磁栅及用于测量角位移的回转型磁栅等，见图 4-14。实体型磁栅主要用于精度要求较高的场合，但由于其制造长度有限，因此目前应用较少。带状磁栅可以做得较长，一般是 1 m 以上，主要应用于量程较大、安装面不易安装的场合。线状磁栅具有抗干扰能力强、输出信号大、精度高等特点，但不易做得很长，主要用于小型精密机床或结构紧凑的测量机中。回转型磁栅是一种盘形或鼓形磁栅，磁头和带状磁栅的磁头相同，主要用于角位移的测量。

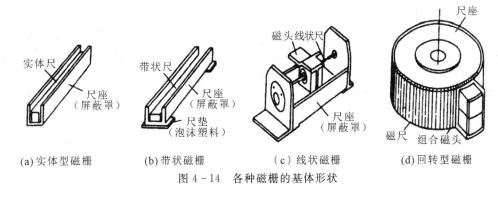

(a)实体型磁栅　　(b)带状磁栅　　（c）线状磁栅　　(d)回转型磁栅

图 4-14　各种磁栅的基体形状

4.5.2 磁栅的结构与工作原理

磁栅检测装置由磁性标尺、磁头和检测电路三部分组成。磁栅的工作原理与普通磁带的录磁和拾磁的原理是相同的。用录磁磁头将相等节距(常为 20 μm 或 50 μm)周期变化的电信号记录到磁性标尺上，用它作为测量位移量的基准尺。在检测时，用拾磁磁头读取记录在磁性标尺上的磁信号，通过检测电路将位移量用数字显示出来或送至位置控制系统。图 4-15 所示为磁栅位置检测方框图。

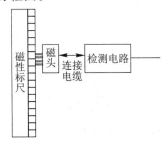

图 4-15　磁栅位置检测方框图

测量用的磁栅与普通磁带录音的磁栅的不同之处如下：

（1）磁性标尺的等节距录磁的精度要求很高。因为磁性标尺的等节距录磁的精度直接影响位移测量精度，为此需要在高精度的录磁设备上对磁尺进行录磁。

（2）磁栅的磁头采用磁通响应型磁头（静态磁头），而不能用速度响应型磁头。这是因为用于位置检测用的磁栅要求当磁尺与磁头的相对运动速度很低或处于静止时（即数控机床低速运动和静止时）亦能测量位移或位置，所以要采用静态磁头，即磁通响应型磁头。

关于磁栅的各组成部分具体说明如下。

1. 磁性标尺

磁性标尺是在非导磁材料的基体（如铜、不锈钢或其他合金材料）上，采用涂敷、化学沉积或电镀的方法镀上一层 $10 \sim 30\ \mu m$ 厚的高导磁性材料，通常所使用的磁性材料不易受到外界温度、电磁场的干扰，形成均匀的磁性膜。然后用录磁的方法使磁膜磁化成节距相等的周期变化的磁化信号，用以作为测量基准。最后还要在磁尺表面涂上一层 $1 \sim 2\ \mu m$ 厚的耐磨塑料保护层，以防磁头与磁尺频繁接触而导致磁膜磨损。

2. 磁头

磁头是一种磁-电转换器，它把反映空间位置变化的磁化信号检测出来，转换成电信号，输送给检测电路。磁头可分为单磁头的磁通响应型磁头和多间隙的磁通响应型磁头。

1）单磁头的磁通响应型磁头

如图 4 - 16 所示为单磁头的磁通响应型磁头，它是一个带有可饱和铁芯的二次谐波磁性调制器，用软磁性材料（坡莫合金）制成，上面绕有两组串联的励磁绕组（绕在横臂上）和两组串联的拾磁绕组（绕在竖杆上）。当励磁绕组通以 $I = I_0 \sin(\omega t/2)$ 的高频励磁电流时，励磁电流在一个周期内两次过零，两次出现峰值，相应的磁开关通、断各两次。在磁路由通到断的时间内，输出线圈中的交链磁通量由 ϕ_0 变化到 0；在磁路由断到通的时间内，输出线圈中的交链磁通量由 0 变化到 ϕ_0。ϕ_0 是由磁性标尺中的磁信号决定的。输出线圈中输出的调幅信号 E 为

$$E = E_0 \sin\left(\frac{2\pi x}{\lambda}\right) \sin\omega t \qquad (4-14)$$

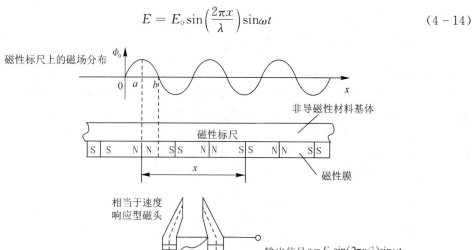

图 4 - 16　单磁头的磁通响应型磁头

2）多间隙的磁通响应型磁头

使用单个磁头读取磁化信号时，由于输出信号的电压很小（几毫伏到几十毫伏），抗干扰能力低，所以，实际使用时是将几个甚至几十个磁头以一定的方式连接起来，组成多间隙磁头来使用的，如图 4 - 17 所示。它具有精度高、分辨率高和输出电压大等特点。

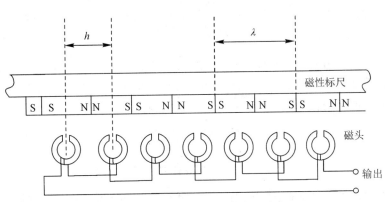

图 4 - 17　多间隙的磁通响应型磁头

多间隙磁头中的每一个磁头都以相同的间距 h 进行配置，相邻两磁头的输出绕组反相串接，这时得到的总输出电压为每个磁头输出电压的叠加。

3．检测电路

磁栅的检测电路包括：磁头励磁电路，读取信号的放大、滤波及辨向电路，细分内插电路，显示及控制电路等部分。根据检测方法的不同，检测电路分为鉴幅型和鉴相型两种，下面对两种检测方法作以简要的介绍。为了辨别磁头与磁尺相对移动的方向，通常采用磁头彼此相距 $(m \pm 1/4)\lambda$（m 为正整数）的配置。以双磁头为例，辨向磁头的配置如图 4 - 18 所示。

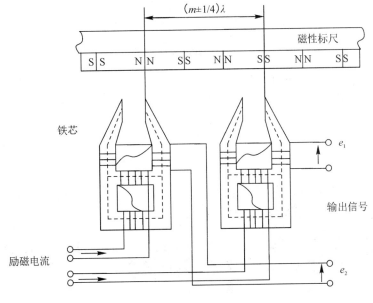

图 4 - 18　辨向磁头配置

1) 鉴幅型

为使两组磁头的励磁电流相位相差 45°，从而使得磁头电压的输出信号相差 90°，若第一组磁头输出的信号是

$$e_1 = U_m \cos\left(\frac{2\pi x}{\lambda}\right) \sin\omega t \qquad (4-15)$$

则另一组磁头输出的信号为

$$e_2 = U_m \sin\left(\frac{2\pi x}{\lambda}\right) \sin\omega t \qquad (4-16)$$

式中：e_1 和 e_2 是相位相差 90° 的两路脉冲。哪路脉冲超前取决于磁尺运动的方向，根据其输出信号的超前或滞后，可以确定机床的运动方向。将输出信号中的高频载波滤掉后就得到相位差为 π/2 的两组信号：

$$e_{10} = U_m \cos\left(\frac{2\pi x}{\lambda}\right) \qquad (4-17)$$

$$e_{20} = U_m \sin\left(\frac{2\pi x}{\lambda}\right) \qquad (4-18)$$

两组磁头相对于磁尺每移动一个节距，便发出一个正、余弦信号，经信号处理后可进行位置检测。这种方法的线路比较简单，但分辨率受到录磁节距 λ 的限制，若要提高分辨率就必须采用较复杂的倍频电路，所以不常采用。

2) 鉴相型

采用相位检测的精度可以大大高于录磁节距 λ，并通过提高内插补脉冲频率以提高系统的分辨率，其精度可达 1 μm。相位检测方法中可将一组磁头的励磁信号移相 90°，则得到输出电压为

$$e_1 = U_m \cos\left(\frac{2\pi x}{\lambda}\right) \sin\omega t \qquad (4-19)$$

$$e_2 = U_m \sin\left(\frac{2\pi x}{\lambda}\right) \cos\omega t \qquad (4-20)$$

再利用求和电路将两路信号进行叠加，得到输出总电压为

$$e = U_m \sin\left(\frac{2\pi x}{\lambda} + \omega t\right) \qquad (4-21)$$

由式(4-21)可知，合成输出电压 e 的幅值恒定，而相位随磁头和磁尺的相对位置 x 的变化而变化。其输出信号与旋转变压器、感应同步器读取绕组中的信号相似，所以其检测电路也相同。

4.6 编码器

4.6.1 编码器的分类及安装方式

编码器又称码盘，是一种旋转式测量元件，通常装在被测轴上，随被测轴一起转动，可将被测轴的角位移转换成脉冲增量的形式或绝对值式的形式。

1. 编码器的分类

(1) 根据使用的计数制不同，有二进制编码、二进制循环码(格雷码)、余三码和二-十

进制码等编码器；

（2）根据输出信号的形式不同，可分为绝对值式编码器和脉冲增量式编码器；

（3）根据内部结构和检测方式的不同，编码器可分为接触式、光电式和电磁式三种。

2．编码器的安装方式

编码器在数控机床中有如下两种安装方式：

（1）编码器和伺服电机同轴连接在一起，称为内装式编码器，伺服电机再和滚珠丝杠连接，编码器在进给传动链的前端；

（2）编码器连接在滚珠丝杠的末端，称为外装式编码器。

4.6.2　光电式编码器

常用的光电式编码器为增量式光电编码器，亦称光电码盘、光电脉冲发生器、光电脉冲编码器等，是一种旋转式脉冲发生器。它把机械转角变成电脉冲，是数控机床上常用的一种角位移检测元件，也可用于角速度检测。脉冲编码器的型号是由每转发出的脉冲数来区分的，数控机床上常用的脉冲编码器有 2000 P/r、2500 P/r、和 3000 P/r 等。在高速、高精度的数字伺服系统中应用高分辨率的脉冲编码器，如 20 000 P/r、25 000 P/r 和 30 000 P/r 等。现在已有使用每转发出 10 万个脉冲乃至几百万个脉冲的脉冲编码器，该编码器装置内部应用了微处理器。

如图 4 - 19 所示，光电编码器由光源、聚光镜、光栏板、光电码盘、光电元件及信号处理电路组成。

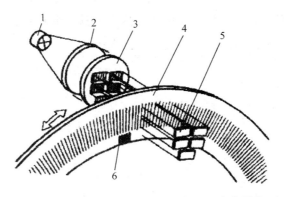

1—光源；2—聚光镜；3—光栏板；4—光电码盘；5—光电元件；6—参考标记
图 4 - 19　增量式光电脉冲编码器结构示意图

当圆盘光栅旋转时，光线透过两个光栅的线纹部分形成明暗相间的三路莫尔条纹。同时，光电元件接收这些光信号，并转化为交替变化的电信号 A、B（近似于正弦波）和 Z 信号，再经放大和整形变成方波。其中，A、B 信号称为主计数脉冲，它们在相位上相差 $90°$（见图 4 - 20）。Z 信号称为零位脉冲，圆盘光栅旋转一圈产生一个零位脉冲，其宽度是主计数脉冲宽度的一半，细分后同比例变窄，该信号与 A、B 信号严格同步。这些信号作为位移测量脉冲，如经过频率或电压变换又可作为速度测量的反馈信号。

光电编码器的测量精度取决于它所能分辨的最小角度，而这与码盘圆周的条纹数有关，即分辨角 $a = 360°/$ 狭缝数。如条纹数为 1024，则分辨角 $a = 360°/1024 = 0.352°$。光电编码器的输出信号 A、A 和 B、B 为差动信号，差动信号大大提高了传输的抗干扰能力。在数控系统中，常对上述信号进行倍频处理，以进一步提高编码器的分辨力。

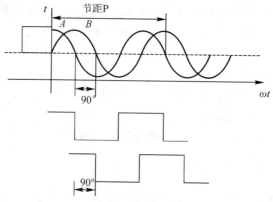

图 4-20 光电脉冲编码器的输出波形

4.6.3 光电脉冲编码器在数控机床中的应用

光电脉冲编码器应用在数控机床的位置检测装置中，其信号处理有两种方式：一是适应带加、减要求的可逆计数器，形成加技术脉冲和减计数脉冲；二是适应有计数控制端和方向控制端的计数器，形成正、反走计数脉冲和方向控制电平。

图 4-21 所示为光电脉冲编码器第一种工作方式的电路图和波形图。光电脉冲编码器的输出脉冲信号 A、$\overline{A}$、B、$\overline{B}$ 经过差分驱动传输进入 CNC 装置，仍为 A 相信号和 B 相信号，如图 4-21(a)中所示。将 A、B 信号整形后，变成方波信号，即电路中的 a 信号和 b 信号。当光电脉冲编码器正转时，A 相信号超前 B 相信号，经过单稳电路变成 d 点窄脉冲，

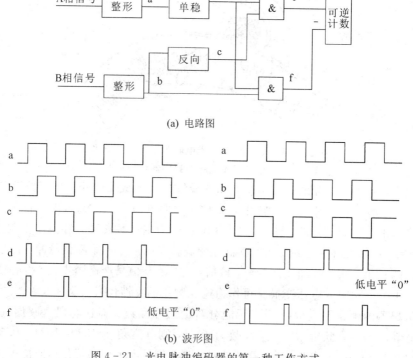

(a) 电路图

(b) 波形图

图 4-21 光电脉冲编码器的第一种工作方式

与 b 相反向后的 c 信号相与,得到 e 信号,即正向计数脉冲信号,而 f 点由于在窄脉冲出现时,b 点的信号为低电平,所以 f 点也保持低电平,这时可逆计数器进行加计数。当光电脉冲编码器反转时,B 相信号超前 A 相信号,在 d 点窄脉冲出现时,因为 c 点是低电平,所以 e 点保持低电平,而 f 点输出窄脉冲,作为反向减计数脉冲,这时可逆计数器进行减计数。这样就实现了不同旋转方向下数字脉冲由不同的通道输出,分别进入可逆计数器作进一步的误差处理。

图 4-22 所示为光电脉冲编码器第二种工作方式的电路图和波形图。光电脉冲编码器的输出脉冲信号 A、$\overline{A}$、B、$\overline{B}$ 经过差分驱动传输进入 CNC 装置,仍为 A 相信号和 B 相信号,这两相信号为本电路的输入脉冲。经整形和单稳后变成 A_1 和 B_1 窄脉冲。正走时,A 脉冲超前 B 脉冲,B 方波和 A_1 窄脉冲进入"与非门"形成 C 信号,A 方波和 B_1 窄脉冲进入"与非门"形成 D 信号,则 C 和 D 分别为高电平和负脉冲。这两个信号使由 1、2 端"与非门"组成的"R-S"触发器置"0"(此时 Q 端输出 0,代表正方向),使 3 端输出正走计数脉冲。反走时,B 脉冲超前 A 脉冲。B、A_1 和 A、B_1 信号同样进入 C、D 门,但由于其信号相位不同,使 C、D 端分别输出负脉冲和高电平,从而将"R-S"触发器置"1"(此时 Q 端输出 1,代表负方向),使 3 端输出反走计数脉冲。不论正走、反走,3 端都是计数脉冲的输出门,"R-S"触发器的 Q 端输出方向电平信号。

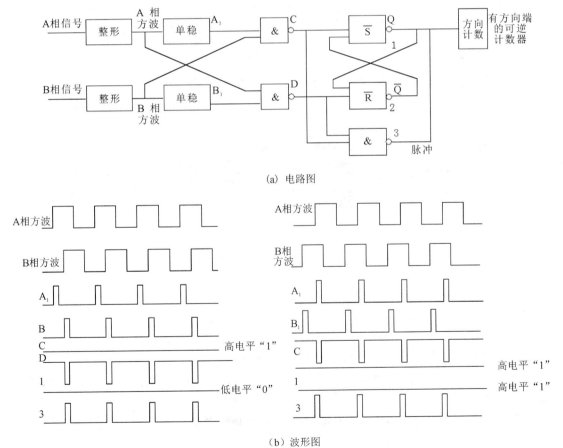

(a) 电路图

(b) 波形图

图 4-22 光电脉冲编码器的第二种工作方式

第5章 缝制设备

5.1 缝制设备概述

将衣片（裁片）按缝式标准联结或固结的加工设备称为缝制设备，大部分缝制设备是通过线迹来联结衣片的。用超声波或高频等手段熔粘衣片的缝制设备已经问世，但由于其局限性，所以仅应用在涂层面料、雨衣等服装的加工中。

5.1.1 缝纫机的发展阶段

图 5-1 所示为标准公司的平缝机从家用缝纫机到工业缝纫机，再到智能平缝机各发展过程中具有代表性的产品。总的来说，缝制设备（缝纫机）的发展分为以下几个发展阶段。

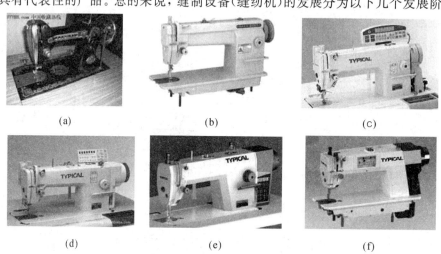

(a)   (b)   (c)

(d)   (e)   (f)

图 5-1 缝制设备（缝纫机）的发展阶段

1. 缝纫机创始阶段（1790—1878 年）

1832 年，Walter Hunt 兄弟发明了锁式缝纫机，其成缝原理类似于纺织厂的织布机。1851 年，美国的 Isaac Merrt Singer 兄弟设计出第一台全部由金属材料制成的缝纫机。

2. 缝纫机性能及种类完善阶段（1879—1946 年）

20 世纪 30 年代，包缝机问世。20 世纪 40 年代，先后出现了三针机、滚领机、绷缝机、锁眼机等新机种。

3. 缝纫机高速化、自动化、省力化阶段（1946—1980 年）

这个阶段缝纫机的特点如下：

（1）缝纫机转速从 3000 r/min 迅速提高到 5000 r/min，20 世纪 70 年代达到 8000 r/min。

80 年代中期，有些机种速度可达 9000 r/min；

（2）"一机多能"，越来越"高效化"；

（3）自动辅助装置使缝制工作更加省力。

4. 智能化阶段

20 世纪 70 年代末 80 年代初，德国百福公司发明了电脑平缝机，从此缝纫机进入电脑控制时代。随着缝制行业的需求与科技发展，缝制设备的控制系统不断改进和完善，进入 21 世纪以后，缝制设备进入智能化阶段。

5.1.2 机电一体化缝纫机

所谓机电一体化缝纫机，其含义概略地说就是缝纫机的刺布、挑线、钩线、送料等执行部件仍沿用原机械机构，而控制方面则采用电子或微电脑系统。一般的区分是含有编程和 CPU 处理的控制系统称为微机控制或电脑控制系统，无编程和 CPU 处理的称为电子控制系统，其所采用的电子控制技术较为简单。从控制内容的广度来区分，又可分为单机电脑控制和缝纫单元(缝纫组合)电脑控制两大类，后者的智能化、自动化程度更高。

机电一体化缝纫机的特点包括：

（1）可以完成机械式缝纫机无法完成的一些功能。

这些功能包括自动停针位、自动线迹技术、自动加固缝、自动缝绣、自动换色线、慢速启动、镜像变换、花样缩放、花样旋转、另设起缝原点、功能显示等。

（2）自动化、智能化程度高。

可以根据缝制过程中条件的变化，在检测和反馈后自动进行设定的缝制工作。例如激光或红外衣片定位、自动缝边、针对厚/薄缝料缝线张力自动调整、自动变速、自动变转矩、自动剪线、自动补针、人机对话、用户编程、缝纫过程中实时跟踪等。

（3）扩大单机使用性能。

可以在一台机电一体化缝纫机上完成若干台机械式缝纫机才能完成的工作。例如，一般一台机械式曲折缝纫机只能完成一种花纹的缝制，而一台电脑曲折缝纫机能完成 20 种甚至更多花纹的缝制。

（4）减少机械零部件。

由于采用了电脑控制，原来需要由机械机构实施控制的许多零部件可以省却不用，相应地减少了机械加工的内容，而这些省却的机械部件往往都是形状复杂、精度要求高、加工费时、制造成本相对较高的零件。

（5）操作省力。

由于自动化程度高，可以减少许多工人操作，仅需掀压按钮或操旋踏板即可进行工作，甚至是全自动化工作。

5.2 缝制设备的分类及技术指标

5.2.1 缝制设备的分类

1. 按使用对象分类

按使用对象不同，缝制设备可分为通用缝纫机、专用缝纫机和装饰用缝纫机。

（1）通用缝纫机：包括工业平缝机、家用缝纫机、服务行业缝纫机、包缝机、链缝机、绷缝机等。

（2）专用缝纫机：包括锁眼机、钉扣机、套结机、暗缝机、自动开袋机等。

（3）装饰用缝纫机：包括电脑绣花机、曲折缝纫机、花边机、月牙机等。

2. 按机头形状分类

按机头形状不同，缝制设备可分为以下几类：

（1）平板式机头缝纫机；

（2）筒式机头缝纫机（或称悬臂机头）；

（3）箱体式机头缝纫机；

（4）立柱式机头缝纫机（或称高台机头）；

（5）肘形筒式机头缝纫机。

5.2.2　缝纫机的主要技术指标

每种缝纫机在设计时都会制定一些必要的技术指标作为设计基础，使产品上市后能适应市场及用户的需求，下面是标准 GC6910 系列机型的技术指标。

（1）最高缝速：M 型为 5000 r/min；H 型为 4000 r/min。

（2）压脚提升高度：手动为 6 mm；膝控为 13 mm。

（3）最大针距：M 型为 5 mm；H 型为 7 mm。

（4）针杆高度：M 型为 31.8 mm；H 型为 35 mm。

5.3　缝制设备的功能部件

随着光电技术在缝纫机领域的应用，缝制设备已不再仅仅实现缝纫功能，更多的自动辅助设备使缝制工作更加人性化和高效化，在省时省力的同时，不断提高工作效率，满足不同层次用户的需求。图 5-2 为标准 GC6910MD3 缝纫机的组成，其各部分名称和功能分别介绍如下。

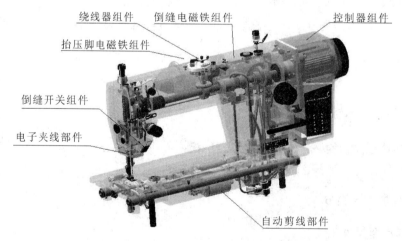

图 5-2　标准 GC6910MD3 缝纫机的组成

（1）电子夹线部件：其作用是在开始缝纫时，保证面线线头可以完全留在缝料底部，从而保证线迹美观。

（2）自动剪线部件：其作用是在缝纫结束之后，自动将缝线剪断，以提高工作效率。

（3）倒缝开关组件：当缝纫过程中需要倒缝时，可以通过倒缝开关组件实现自动倒缝功能，而不用再打倒缝扳手，比较省力。

（4）抬压脚电磁体组件：其作用是在缝制结束后，使压脚自动抬起，方便用户取、放缝料。

（5）绕线器组件：当梭芯上的底线用完时，需要重新绕线，通过绕线器组件可以在缝制过程中自动将底线绕到所需线量，不影响工作，保证工作效率。

（6）控制器组件：其作用是控制缝纫机各功能部件的正常工作，从而使缝纫机正常工作。

5.4 缝制设备的机电控制系统

5.4.1 机电控制系统概述

控制系统是带电控装置缝纫机的关键部位。它一般由控制主体、控制客体以及传感部位等组成，具体包括控制箱（控制器、驱动器）、电机和电磁铁、传感器以及一些辅助元件，这些部分与缝纫机机械部件相互配合、共同连动，促成了缝纫机的自动化作业。电控系统的控制部分主要是控制电机、电磁铁两个部件。目前缝制设备使用的电控分为一体式电控和下挂式电控，如图 5-3 所示。

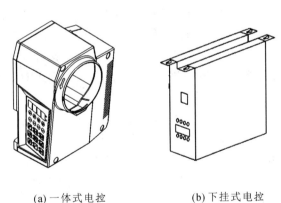

(a) 一体式电控　　　　　(b) 下挂式电控

图 5-3　缝纫设备的电控种类

5.4.2 机电控制原理

按驱动方式的不同，工业缝纫机的机电控制可以分为外挂式皮带驱动及内置式直接驱动两种。通过控制器、驱动器和永磁无刷伺服电机等电器元件进行工业缝纫机的自动控制，实现调速、上/下停针、抬压脚、剪线、拨线、自动（手动）倒缝以及自动模式缝等功能。图 5-4 为工业缝纫机的机电控制结构框图。

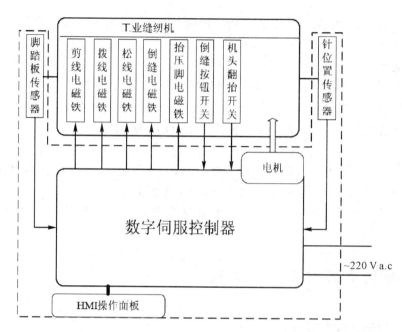

图 5-4 工业缝纫机的机电控制结构框图

1. 控制器

控制器的作用在于控制缝纫机完成不同的线迹，它的功能随缝纫机的种类不同而不同，主要分为以下两类：

（1）控制单台电机，即主驱动电机的运动，借助电磁铁完成其他的辅助功能，如拨线、剪线、松线、前/后加固、抬压脚等，对应的缝纫机有单针、双针平缝机，包缝机，绷缝机；

（2）控制多台电机的协调动作，如绣花机、套结机、钉扣机、锁眼机、花样机，还有控制针杆摆动的曲折缝缝纫机等。各类控制器的硬件主要由操作者输入参数的旋钮、按键、显示工作参数的数码管、液晶显示器，对操作命令、传感器信号、执行机构（电机、电磁铁）进行运算、判断、控制的微控制器组成。控制器的硬件通用性强，软件则随不同的缝纫机而异。

2. 驱动器

驱动器是电控系统的核心，其硬件由功率电子器件和集成电路等构成，它将控制信号转变成执行机构的驱动信号，起着桥梁作用。驱动器在整个控制环节中正好处于"主控制箱－驱动器－马达"的中间环节，主要任务是接收来自主控制箱的信号，然后对信号进行处理，再用于控制马达以及和马达有关的感应器，并且将马达的工作情况反馈至主控制箱。驱动器的功能包括：接收电动机的启动、停止、制动信号，以控制电动机的启动、停止和制动；接收位置传感器信号和正、反转信号，用来控制逆变桥各功率管的通、断，产生连续转矩；接收速度指令和速度反馈信号，用来控制和调整转速；提供保护和显示等。与控制器类似，驱动器的硬件具有可移植性，相同功率的不同种类的电机可兼用。

驱动器的软件用于控制不同种类的电机。用于电控装置的缝纫机的马达（电机）主要有电子马达、调频马达（变频马达）、直流无刷电机和永磁同步伺服电机等。

此外，电磁铁作为执行元件可以完成缝纫机的辅助功能，其功能参数、响应过程对剪线速度、前/后加固速度及线迹的美观至关重要。

5.4.3　电控参数

主要电控参数如表 5-1 所示。

表 5-1　电控参数

参数名称		参数范围		
		最小值	额定值	最大值
输入参数	电压/V	176	220	264
	工作频率/Hz	45.5	50	52.5
	额定功率/额定电流	按设计规格		
工作气候条件	环境温度/℃	0~40		
	相对湿度/(%)	5~85(不凝露)		
	大气压强/kPa	86~106		
电机参数	电机转速/(r/min)	200~6000		
	输出功率/W	400~800		
伺服器输出参数	剪线电磁铁 动作电压/V	24~36		
	剪线电磁铁 动作电流/A	2.5~6		
	剪线电磁铁 最长吸合时间/s	0.2		
	拨线电磁铁 动作电压/V	24~36		
	拨线电磁铁 动作电流/A	2.5~6		
	拨线电磁铁 最长吸合时间/s	0.2		
	松线电磁铁 动作电压/V	24~36		
	松线电磁铁 动作电流/A	2.5~6		
	松线电磁铁 最长吸合时间/s	0.3		
	倒缝电磁铁 动作电压/V	24~36		
	倒缝电磁铁 动作电流/A	3~8		
	倒缝电磁铁 最长吸合时间/s	30		
	抬压脚电磁铁 动作电压/V	24~36		
	抬压脚电磁铁 动作电流/A	3.5~10		
	抬压脚电磁铁 最长吸合时间/s	30		

5.4.4　控制系统的要求

1. 外观结构要求

1) 外观质量

产品外壳及结构零部件表面不应有明显的凹痕、划伤、裂缝、变形，表面涂镀层不允许出现气泡、龟裂、脱落、锈蚀等缺陷，铭牌和面板上的数字、符号、文字和标志必须清晰端正，印刷线路板应印上必要的标志或符号。

2）连接线

所有连接线缆、接头不应有烧焦或破损的情况。电源线、电机导线应压紧,拉力不低于 60 N。数据线应压紧,拉力不低于 30 N,应无松动。

2. 环境要求

1）高温运行和高温储存

(1) 产品应能在 45℃高温箱内连续运行 48 h 且不出现故障;

(2) 产品应能在 55℃高温箱内存放 4 h 且不出现故障。

2）低温运行和低温储存

(1) 产品应能在 0℃低温箱内连续运行 4 h 且不出现故障;

(2) 产品应能在−20℃低温箱内存放 4 h 且不出现故障。

3）恒定湿热运行和储存

(1) 产品应能在 45℃高温、湿度为 85% 的箱内连续运行 48 h 且不出现故障;

(2) 产品应能在 55℃高温、湿度为 93% 的箱内存放 4 h 且不出现故障。

3. 安全和防护要求

1）绝缘电阻

产品中除不允许做高压试验的电路外,要求试验点对保护接地端之间的绝缘电阻不应小于 50 MΩ,经受恒定湿热试验后的绝缘电阻不应小于 1 MΩ。

2）耐电压强度

耐电压强度至少应符合 GB 5226.1—2002 中 19.4 的规定,能承受 AC1000V 10 mA ≥1 s 的耐压试验,试验后产品和电机应无闪络,不击穿。

3）泄漏电流

当产品接入供电电网并且正常运行时,产品任一电源进线端对保护接地端的泄漏电流不应大于 3.5 mA。

4）防接触和触电保护

防触电保护应符合 GB 5226.1—2002 中 6.2.2～6.2.4 的规定,必须采取保护措施防止意外触及超过 PELV(保护特低电压)的带电部件。

5）接地

接地端子的连接、标记、符号和接地导线的颜色以及接地导线的线径应符合 GB 5226.1—2002 中 5.2 的规定,接地电阻应符合 GB 4706.1—2005 中 27.5 的要求,接地电阻应小于 0.1 Ω (25 A)。

6）短路保护

产品应具有短路保护功能,当产品的输出电路或内部某支路短路时,保护系统应能正确动作。

7）输入过电压保护

(1) 当产品的输入电压超过规定的最大电压 270 V 以上(产品设定的保护电压值)时,应报警(报故障)提醒操作者切断电源,以保证产品中的各部件不受损伤;

(2) 对于没有蜂鸣器报警或单剪线无操作面板的产品,当输入电压超过规定的最大电压 270 V 以上(产品设定的保护电压值)时应停机,同时应有灯或其他方式显示过压保护,提醒操作者切断电源,以保证产品中的各部件不受损伤。

8)温升

温升应符合 GB 4706.1—2004 中 11 的规定,控制箱和电机任何外表面温升不应大于 35 K。

9)堵转保护

机头发生堵转或其他原因使控制系统接收不到控制信号时,产品应在 2 s 内自动进入保护状态。

10)针位信号中断保护

当机器发生故障,控制系统接收不到针位传感器的针位位置信号时,产品应在 2 s 内进入保护状态。

11)倒缝电磁铁保护

手动控制时倒缝电磁铁的连续吸合时间最大不应超过 30 s。

12)外壳防护

产品和电机至少应有 IP40 的最低防护等级。

4. 电磁兼容性要求

1)发射限值

缝纫机或缝制设备所产生的电骚扰不应超过表 5-2 规定的水平。

表 5-2 交流电源端口的电骚扰传导限值

端 口	频率范围/MHz	限 值	基础标准
交流电源	0.15~0.50	准峰值为 66~56 dB(μV)	GB 4824—2004
		平均值为 56~46 dB(μV)	
	0.5~5	准峰值为 56 dB(μV)	
		平均值为 46 dB(μV)	
	5~30	准峰值为 60 dB(μV)	
		平均值为 50 dB(μV)	

注:脉冲噪声(喀呖声)小于 5 次/min 时将不考虑其限值;对于经常大于 30 次/min 的喀呖声采用表 5-2 所列的限值;而对于 5~30 次/min 的喀呖声,表 5-2 所列的限值允许放宽 20 lg(30/N)dB(N 指每分钟的喀呖声数)。

2)外壳端口的抗扰度

产品的外壳端口应能承受静电放电的干扰,静电放电干扰试验电压要求:接触放电电压为 4000 V,空气放电电压为 8000 V,性能判据为 B 类。

3)对快速瞬变脉冲群干扰的抗扰度

产品的交流电源输入/输出端口应能承受表 5-3 所列试验等级的快速瞬变脉冲群的干扰。

表 5-3 对快速瞬变脉冲群干扰的抗扰度

环境现象	试验等级	单 位	备 注
快速瞬变脉冲群	2(充电电压)	kV	性能判据为 B 类
	5/50(上升时间/持续时间)	Tr/Th ns	
	5(重复频率)	kHz	

4）对射频共模调幅干扰的抗扰度

产品的信号线、数据总线、控制线端口、电源输入/输出端口及接地端口应能承受如表 5-4 所列试验等级的射频共模调幅的干扰。

表 5-4 对射频共模调幅干扰的抗扰度

环境现象	试验等级	单位	备 注
射频共模调幅	0.15～80	MHz	1. 试验等级被定义为接入 150 Ω 负载的等效电流。 2. 在 47～68 MHz ITU 无线电频段时，试验等级应为 3 V。 3. 性能判据为 A 类

5）对浪涌的抗扰度

对浪涌的抗扰度应符合 GB/T 17626.5－1999 中试验等级第三类，即线-线为 1 kV，线-地为 2 kV 的要求，性能判据为 B 类。

6）电压暂降、短时中断后自行恢复

当外界供电网出现电源电压暂降、短时中断和电压变化时，产品的功能或性能受到降低或丧失；当电压恢复正常时，产品应具有自行恢复的功能或性能。判别按 GB/T 17626.11－1999 中的 B 类要求。

5. 可靠性要求

1）连续无故障工作

连续无故障工作时间不应低于 500 h。

2）冲击

冲击应符合 GB 16439－1996 中 4.21 的规定。试验后产品的电气性能不受影响，不应有机械的损坏、变形和紧固部位的松动现象，通电后应能正常工作。

3）振动

振动应符合 GB 16439－1996 中 4.21 的规定。产品应能承受 GB 16439－1999 中 5.4.3 的振动试验，试验后产品的电气性能不受影响，不应有机械上的损坏、变形和紧固部位的松动现象，通电后产品应能正常工作。

4）包装跌落

跌落应符合 GB/T 4857.18－1992 中的要求。跌落高度规定为：800 mm 时小于10 kg；600 mm 时为 10～20 kg。带包装的产品经过跌落试验后，电气性能应不受影响，不应有机械损坏、变形和紧固部分的松动现象，通电后应能正常工作。

6. 运转性能

1）运转噪声

（1）产品在高、低速运转时应稳定可靠，无异常杂音；

（2）在最高转速下，空载运行时的噪声声压级不应大于 55 dB(A)。

2）额定功率

（1）电动机的额定输出功率应符合产品规格书或说明书的要求；

（2）产品的额定输入功率应符合 GB 4706.1－2005 中 10.1 的规定，不大于＋15％。

3）转速误差

高速（如 5000 r/min）的转速误差应小于±1％，中速（中速＝高速 50％）的转速误差应小于±2％，低速（低速＝高速 10％）的转速误差应小于±5％。

4）电源适应性

当供电电压在规定的范围内变化时，控制系统应能正常运行(参照表5-1)。

5）加速时间

从缝纫机的电机启动到稳定在最高转速的90%所需要的时间不应大于0.5 s。

6）减速时间

在缝纫机的电机稳定在最高转速的状态下，从系统发出停止指令到电机转速降为0所需要的时间不应超过0.5 s。

7．功能要求

1）开机停针位功能

产品通电后，机针应能自动停在上针位。

2）针位选择功能

在缝纫过程中停车时，机针应能自由选择上、下停针。

3）停针精度

上停针的位置误差不大于±5°，下停针的位置误差不大于±5°。

4）脚踏板控制功能

向前、后踩动脚踏板可以分别实现系统的启、停，低速、高速缝纫，抬压脚以及剪拨线等功能。

5）加固功能

缝纫机应能在起始或结束缝纫时自动加固缝，加固缝的方式(单加固、双加固、折返缝)以及针数可以设定，加固缝的速度也可以在产品规格书的范围内进行设定。

6）倒缝功能

在一定状态下按下倒缝按钮，缝纫机能实现倒缝，倒缝的速度与当前的运转速度相同。

7）抬压脚功能

缝纫机剪线或中途停车后，能自动抬起压脚，继续缝纫时能自动放压脚。

8）剪线、拨线功能

缝纫机停车后能自动剪线、拨线，剪线的速度在规格范围内可以设定。

9）补针功能

缝纫机应能进行0.5针、1针或连续几针的补针，补针的速度在规格范围内可以设定。

10）计针数缝纫功能

缝纫机应能按设定的针数缝纫。

11）倒、顺缝针迹差补偿功能

在自动加固缝中，缝纫机应能进行倒、顺缝针迹差补偿，倒、顺缝针迹应一致。

12）慢启动功能

当设置了慢启动后，缝纫机应能按设定的针数慢启动。

5.5　典型缝纫产品的应用

缝制设备的种类繁多，其中工业平缝机应用广泛，本节以典型的缝纫产品 GC 型工业平缝机为例，讲述其应用。

5.5.1 平缝机的种类

（1）根据缝料的特性，平缝机可分为薄料机型、中厚料机型及厚料机型。

（2）根据形成的线迹外观及机针数量的不同，可分为单针平缝机和双针平缝机。

（3）根据送布方式的不同，平缝机分为下送式，针送式，上、下同步式，差动式及上、中、下综合送布式。

5.5.2 平缝机的应用

平缝机能缝制棉、麻、丝、毛、人造纤维等织物和皮革、塑料、纸张等制品，薄料一般用于针织、内衣、衬衫、制服等，厚料一般用于各类运动服、牛仔服、时装、大衣、鞋帽、皮具、箱包等。

如图 5-5 所示为单针平缝机的应用。其中，图 5-5(a)为衬衫服装的加工工艺；图 5-5(b)为牛仔裤的加工工艺。

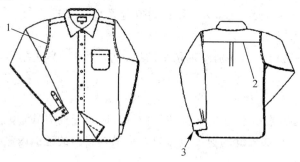

1—袖伏缝；2—缝合托肩；3—袖口明线缝。

（a）衬衫服装的加工工艺

4—裤腰角缝

（b）牛仔裤的加工工艺

图 5-5　单针平缝机的应用

5.6　典型控制系统的操作及故障维修

随着缝制设备的多样化、多元化发展，种类繁多、设计参数和功能不尽相同的缝制设备层出不穷，即使相同类型的缝纫机，由于其技术指标和所实现的功能有所差异，其控制系统也会有所不同。

以单针平缝机为例，薄料、厚料、大旋梭、带后拖等不同机型都会有一个相匹配的参数程序。为了减少操作系统的种类，这些参数存储在操作盒或者识别器中，可以根据相应机型进行调用。

目前使用的控制系统有两种：一种是下挂式系统，如图 5-6(a)所示，即控制系统安装在台板下方；另一种是一体机系统，如图 5-6(b)所示，即系统和机头连接在一起。

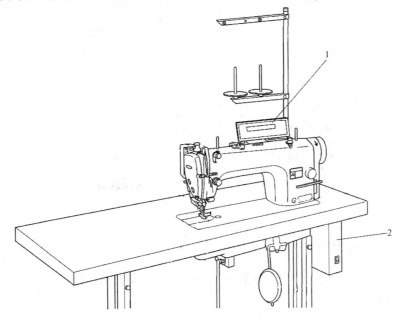

1—操作盒；2—控制系统

（a）下挂式系统样式

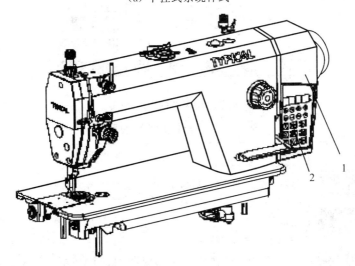

1—控制系统；2—操作盒

（b）一体机系统样式

图 5-6　缝制设备使用的控制系统

5.6.1 控制系统示例

工业平缝机的控制箱如图 5-7 所示，其控制系统为 YSC—8330，控制系统包括控制箱（控制器、驱动器）、电机和电磁铁、传感器以及操作盒。

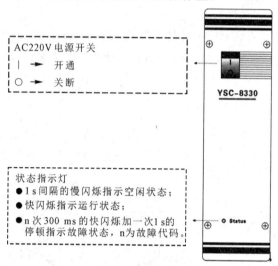

图 5-7 YSC—8330 控制箱

5.6.2 操作盒按键功能

如图 5-8 所示为控制系统所配备的 P106C 操作盒面板，其按键功能见表 5-5 所列的操作盒使用说明。

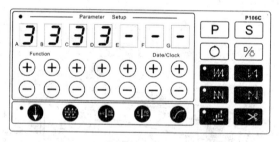

图 5-8 控制系统所配备的 P106C 操作盒面板

表 5-5 操作盒使用说明

功 能	按键	动 作 说 明
起始回缝功能选择		起始回缝来回 1 次设定，A 为正缝针数，B 为倒缝针数，范围都为 1~15 针
		起始回缝来回 2 次设定，A 为正缝针数，B 为倒缝针数，范围都为 1~15 针
终止回缝功能选择		终止回缝来回 1 次设定，C 为倒缝针数，D 为正缝针数，范围都为 1~15 针
		终止回缝来回 2 次设定，C 为倒缝针数，D 为正缝针数，范围都为 1~15 针

功 能	按键	动 作 说 明
自由缝		调速器前踩时先自动进行起始回缝，然后开始正常缝制，调速器回到平衡位置时立即停车； 调速器后踩时进行终止回缝、剪线、扫线等动作
折返缝		往前轻触调速器，即可自动进行来回的连续动作，最后剪线。来回次数由 E 设定，范围为 1～15 次，第一段和第二段的缝制针数由 A 和 B 设定，其余段的针数由 C 和 D 设定，范围都为 1～15 针； 结束后调速器要回到平衡位置才能进行下次缝制
单段定针缝		往前轻触调速器时，执行 F、G 设定的针数，针数范围为 1～99 针，设定针数缝制完成后自动结束动作； 可以设置 A～C 三种针数不同的单段定针缝
多段定针缝		往前轻触调速器时，执行 E 设定的段数及 F、G 设定的针数，段数 E 的范围为 1～35 段，第一段的针数范围为 1～99 针，其余段的针数范围为 0～99 针； 多段定针缝可自由组合加固针数、段数和剪线开关，当缝制到针数为 0 的段时会结束当前循环，从第一段开始
启针慢缝		启针慢缝开关，详见 5.6.3 中的序号 7
停针位		设定自由缝和定针缝中间停针的停针位
剪线开关		剪线使能开关
参数	P	进入或退出参数界面
设置	S	参数界面下对修改的结果进行确认
界面切换	○	实现基本功能界面、特殊功能界面和多媒体功能界面的切换
一键恢复、机头灯	D/☼	详见 5.6.3 中的序号 3 和 10
加	⊕	数值增加
减	⊖	数值减小

5.6.3 基本功能界面

1. 参数设置

当基本功能界面指示灯亮时(如图5-9所示),可以进行以下操作:按下 ⓞ 可以切换至其他界面,按下 Ⓟ 进入参数界面。数码管E显示参数类型,按下E+和E-键可修改参数类型;数码管F和G显示参数序号,按下F+、F-、G+和G-键可修改参数序号;数码管A~D显示参数值,按下其对应的加减键可以进行修改,如图5-9所示。

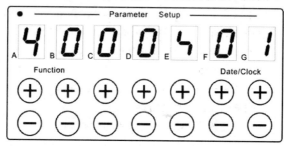

图5-9 基本功能界面

图5-9中显示S01参数值为4000,修改后,参数值会闪烁,提示用户确认,按下 Ⓢ 进行确认,如果不想保留修改值,按 Ⓟ 可以撤销。如果已经确认且希望该参数恢复到之前固化的数值,可以按下 % 实现"一键参数恢复"功能。参数设置好后再按 Ⓟ 可退回到缝型界面。

2. 参数固化

在参数界面下,选择好相应的参数,按下 Ⓢ 进行确认后,长按 ⓞ 会实现对该参数值的固化。当使用参数017恢复相应的参数值时,就恢复至此处固化的参数值。

3. 一键恢复参数固化值

在参数界面下,选择好相应的参数,按下 % 可以恢复当前参数的固化值(如果此参数没有执行过固化操作,则恢复到出厂值),此时出现闪烁,提示用户确认,按下 Ⓢ 进行确认,如果不想保留该值,按 Ⓟ 可以撤销。

4. 进入D(角度类)和O(特殊功能类)参数区

通常情况下,用户进入参数界面后只能选择S、T和A三类参数,如果要进入D类和O类参数区,必须在开机时按住 Ⓟ ,显示"DO EN"后方可进入。

5. 机头识别器功能

机头识别器是用于识别机头类型的电子元件,电控系统通过识别器可以与机头功能相对应,从而实现了电控系统种类的精简。

6. 倒缝针迹调整

(1) 吸合时间调整:对于起始回缝、终止回缝以及折返缝动作,如果在由正缝转入倒缝时出现倒回缝针迹不一致的情况,可参考以下方法进行调整。

（2）释放时间调整：对于起始回缝、终止回缝以及折返缝动作，如果在由倒缝转入正缝时出现倒回缝针迹不一致的情况，可参考以下方法进行调整。

7. 启针慢缝功能设定

当⬤指示灯亮时，每次执行完剪线动作后，在下一次新动作启动时会先以慢速运行若干针，然后再恢复正常速度。慢缝时的针数参数为 001，慢缝时的速度参数为 S08。

8. 恢复参数值

将参数 017 设置为"ON"，关机后再开机，此时显示闪烁的"INIT"提示符并进行参数初始化，闪烁结束后初始化完成。此功能不能更改固化的参数，也不能更改部分保存在机头识别器内的参数。

9. 参数区加密

首先修改参数 027 的值，此即为用户密码；然后将参数 015 设置为"ON"，即打开参数区加密功能。以后每次进参数区时都会先显示四位的密码界面，输入密码后按 $\boxed{S}$ 确认，如果密码正确则可以进入参数区，否则无法进入。

10. 机头照明灯控制

在缝型界面下按下 $\boxed{\%}$ 可以实现机头灯的亮度控制，每按一次 $\boxed{\%}$ 亮度增加，当已经为最亮时则关闭机头灯。亮度共分 5 级，逐次递增并循环。

5.6.4 特殊功能界面

在缝型界面下按下 $\boxed{○}$ 可以切换到特殊功能界面，此时特殊功能界面指示灯亮（如下所示），再按下 $\boxed{○}$ 可以切换至时钟界面。如下所示：

数码管 A 和 B 对应功能序号，数码管 D～G 指示功能参数，通过 B＋和 B－键选择功能序号，具体说明如下。

1. 动态限速功能

动态限速功能的序号为 F1，显示当前缝速，可以在运行的时候动态调整（调节幅度为 100 针/分）。如下所示：

2. 计件功能

计件功能的序号为 F2，显示当前的缝制件数，剪线后数值自动加 1，加至 9999 后自动清零，可以手动调整。如下所示：

3. 双针变位功能的针数设置(适用于 GC9 系列)

双针变位功能的针数设置序号为 F3,用于设置双针变位功能的针数(1~10 针)。如下所示:

$$F3 \qquad 03$$

A F3 B C D E F G3 • Function Date/Clock

4. 实时缝速显示功能

实时缝速显示功能的序号为 F5,实时显示当前实际的缝速,该功能为只读。如下所示:

$$F5 \qquad 0500$$

A F5 B C D E0 F5 G0 H0 • Function Date/Clock

5. 底线计数功能

底线计数功能的序号为 F6,如下所示:

$$F6 \qquad 5000$$

A F6 B C D E5 F0 G0 H0 • Function Date/Clock

其使用方法如下:

(1) 底线初始值的设定:按下 S ,显示以前设定的初始数值。按下数值下方对应的 ⊕、⊖ 调整初始数值,调节范围为 1~9999。一旦开始缝纫,数值不允许再修改,直到再次按下 S 显示初始值为止。

(2) 底线计数器操作:每缝纫 10 针,计数器数值减 1(当数值小于 0 时,负号出现,并可继续计数至-9999)。当数值小于 1 时,数码管 A、B、C、D 闪烁(数值为 0 时,C 显示空白),蜂鸣器响 3 秒钟。此时,在剪线之前仍可以进行缝纫,剪线后将无法再缝纫。按下 S ,数码管 A、B、C、D 停止闪烁(取消警告),可以继续缝纫,数值计数为负值。更换梭芯后,再次按下 S ,显示初始值,开始新的计数。

(3) 初始值的确定方法:按下 S ,显示初始值,将初始值调整至"1"(F6 0001)。使用一个绕满线的梭芯,缝纫至底线使用完毕,记录当前的负值(为消耗 1 梭线需要的数值),将此值设为初始值即可。

6. 当次开机时间统计功能

当次开机时间统计功能的序号为 F7,显示当前开机的时间。如下所示,显示已经开机 6 小时 33 分钟。

$$F7 \qquad 0633$$

A F7 B C D E0 F6 G3 H3 • Function Date/Clock

7. 开机总时间统计功能

开机总时间统计功能的序号为 F8,显示工作的总时间。如下所示,显示总时间为230.8天。

$$F8 \qquad 230.8$$

A F8 B C D E2 F3 G0 H8 • Function ○ Date/Clock

8. 待机总时间统计功能

待机总时间统计功能的序号为 F9，显示待机的总时间。如下所示，显示待机总时间为 22.5 天。

```
F 9    2 2.5
```
● Function　　　　　　　　Date/Clock

9. 运行总时间统计功能

运行总时间统计功能的序号为 FA，显示运行的总时间。如下所示，显示运行总时间为 228.5 天。

```
F.A   2 2 8.5
```
● Function　　　　　　　　Date/Clock

10. 使用效率统计功能

使用效率统计功能的序号为 FB，显示截至当前的使用效率。如下所示，显示效率为 90.4％。

```
F b    9 0.4
```
● Function　　　　　　　　Date/Clock

5.6.5　时钟界面

在特殊功能界面下按下 ◯ 可以切换到时钟界面，时钟界面指示灯亮（如下所示），再按下 ◯ 可以切换至缝型界面，如下所示：

```
◯  Function                    ●  Date/Clock
```

此时数码管 A、B 显示当前小时，数码管 C、D 显示当前分钟，数码管 E、F 显示当前秒。如下所示，显示当前时间为 16:45:20。

```
1 6 4 5 2 0
```
● Function　　　　　　　　Date/Clock

5.6.6　常用参数说明

1. 速度类参数

速度类参数说明如表 5-6 所示。

表 5-6　速度类参数说明

参数	名　称	范围/(针/分)	说　明
S01	最高缝速	500～5000	自由缝中间缝制和定针缝随动缝制的最高速度限制
S02	最低缝速	150～500	自由缝中间缝制和定针缝随动缝制的最低速度，也是补针速度
S03	起始回缝速度	500～2500	自由缝和定针缝起始回缝的速度
S04	终止回缝速度	500～2500	自由缝和定针缝终止回缝的速度
S05	折返缝速度	500～2500	折返缝缝制的速度
S06	定针缝速度	500～4500	定针缝中间段自动缝制的速度
S07	剪线速度	150～300	执行剪线动作的速度
S08	启针慢缝速度	200～500	执行启针慢缝的速度
S09	变针位速度	200～500	GC9 系列双针机变位运行的速度

2. 时间类参数

时间类参数说明如表5-7所示。

表5-7　时间类参数说明

参数	名　称	范　围	说　明
T01	倒缝电磁铁吸合时间	1～200 ms	倒缝电磁铁从开始动作到吸合到位需要的时间
T02	倒缝电磁铁释放时间	1～200 ms	倒缝电磁铁从开始动作到释放到位需要的时间
T03	扫线等待时间	1～200 ms	剪线后动作扫线之前的等待时间
T04	扫线动作时间	1～200 ms	时间越长，扫线动作幅度越大，对应扫线的力度越大
T05	动作压脚等待时间	1～500 ms	用以判断是否动作抬压脚电磁铁，时间越小则动作越快
T06	释放压脚延迟时间	1～500 ms	用以判断是否释放抬压脚电磁铁，时间越小则释放越快
T07	压脚全额出力时间	1～999 ms	压脚电磁铁在省电模式输出前采用全力输出，该参数为全力时间
T08	倒缝全额出力时间	1～999 ms	含义同T07参数，用于控制倒缝电磁铁输出全力的时间
T09	屏保等待时间	1～60 min	如果操作盒的屏保功能打开，则连续超过该时间没有响应操作盒时会自动进入屏保
T10	调速器防抖时间	1～200 ms	调速器防抖时间越小，调速器动作越敏感
T11	绷缝剪线等待时间	1～200 ms	GK3系列绷缝机停车后执行剪线之前的等待时间
T12	绷缝剪线动作时间	1～200 ms	GK3系列绷缝机剪线时剪刀动作的时间
T13	绷缝勾线等待时间	1～200 ms	GK3系列绷缝机剪线后执行勾线之前的等待时间
T14	绷缝勾线动作时间	1～200 ms	GK3系列绷缝机勾线动作的时间

3. 使能类参数

使能类参数说明如表5-8所示。

表5-8　使能参数说明

参数	名称	范　围	说　明
A01	上针位	ON～OFF	ON：自由缝或定针缝中间停车为上针位； OFF：自由缝或定针缝中间停车为下针位
A02	定针缝自动缝制	ON～OFF	ON：使能定针缝自动缝制； OFF：定针缝中间段速度受调速器控制
A03	连续补针	ON～OFF	ON：补针开关可以实现连续补针； OFF：仅为提针功能
A04	单按键补针	ON～OFF	ON：中间停车时为补针按键，剪线后或在缝制状态下为倒缝按键； OFF：始终为倒缝按键
A05	机头双按键	ON～OFF	优先级高于A04参数。为"ON"时支持倒缝补针分离的双开关操作；为"OFF"时只支持单开关操作，此时单开关功能由A04参数设定

续表

参数	名　称	范　围	说　明
A06	自由缝剪线	ON～OFF	ON：打开自由缝剪线功能； OFF：关闭自由缝剪线功能（同时自动关闭扫线功能）
A07	折返缝剪线	ON～OFF	ON：打开折返缝剪线功能； OFF：关闭折返缝剪线功能（同时自动关闭扫线功能）
A08	扫线	ON～OFF	ON：打开扫线功能； OFF：关闭扫线功能
A09	抬压脚	ON～OFF	ON：打开抬压脚功能，上电时自动检测是否连接抬压脚电磁铁，只有电磁铁连接才有相应的动作； OFF：关闭抬压脚功能
A10	夹线	ON～OFF	ON：打开夹线功能； OFF：关闭夹线功能
A11	保留	ON～OFF	
A12	操作盒屏保	ON～OFF	ON：打开操作盒屏保功能，进入屏保后按任意键可退出屏保； OFF：关闭操作盒屏保功能
A13	剪线后反拉	ON～OFF	ON：完成剪线后，反转电机，将针杆提至最高点； OFF：关闭剪线后反拉功能
A14	中间停车后自动抬压脚	ON～OFF	ON：自由缝或定针缝中间停车后，压脚自动提升； OFF：反踩调速器抬压脚
A15	剪线后自动抬压脚	ON～OFF	ON：剪线后，压脚自动提升； OFF：反踩调速器抬压脚
A16	定针缝起始回缝结束自动缝制	ON～OFF	只对定针缝有效。为"ON"时起始回缝结束后自动进行接下来的定针段缝制；为"OFF"时起始回缝结束后立即停车，直到调速器复位后再前踩才能进行接下来的缝制动作
A17	定针缝中间段结束自动终止回缝	ON～OFF	只对定针缝有效。为"ON"时定针缝中间段缝制完后自动进行终止回缝及剪线；为"OFF"时中间段结束后立即停车，直到调速器复位后再前踩才能进行终止回缝及剪线动作
A18	开机寻找上针位	ON～OFF	ON：开机后自动寻找上针位，操作盒此时显示"UP"，找到上针位后显示"UP OK"； OFF：无此功能
A19	半后踏抬压脚	ON～OFF	ON：调速器半后踏对应抬压脚动作； OFF：调速器半后踏对应平衡位置
A20	半后踏剪线	ON～OFF	ON：调速器半后踏对应剪线动作，可以缩短调速器剪线动作的行程； OFF：无此功能
A21	启针慢缝	ON～OFF	
A22	自动变针位	ON～OFF	ON：GC9 系列双针变针位功能打开，将变针位开关拨至左侧或右侧，自动缝制固定针数后停车，将缝料转角后，再缝制相同的针数后自动复位变位开关； OFF：无此功能

4. 角度类参数(开机时按住 P 可访问角度类参数)

角度类参数说明如表 5-9 所示。

表 5-9　角度类参数说明

参数	名　称	范围/(°)	说　明
D01	上针位角度	0~359	上针位停车位置相对于机械 0 点的角度
D02	下针位角度	0~359	下针位停车位置相对于机械 0 点的角度
D03	剪线动作角度	0~359	剪线电磁铁动作相对于机械 0 点的角度
D04	剪线释放角度	0~359	剪线电磁铁释放相对于机械 0 点的角度
D05	倒缝动作角度	0~359	倒缝电磁铁动作相对于机械 0 点的角度
D06	倒缝释放角度	0~359	倒缝电磁铁释放相对于机械 0 点的角度
D07	夹线动作角度	0~359	夹线电磁铁动作相对于机械 0 点的角度
D08	夹线释放角度	0~359	夹线电磁铁释放相对于机械 0 点的角度

5. 特殊功能类参数(开机时按住 P 可访问特殊功能类参数)

特殊功能类参数说明如表 5-10 所示。

表 5-10　特殊功能类参数说明

参数	名　称	范围	说　明
001	启针慢缝针数	1~10 针	剪线后下次启针时的慢缝针数
002	数码管亮度	1~5	值越大,操作盒数码管越亮
004	机头灯类型	0~1	0:电压型;1:电流型
005	压脚出力	10~99	值越大电磁铁出力越大,发热也越大
006	压脚定时释放	ON~OFF	ON:抬压脚工作一段时间(参数为 007)后自动关闭; OFF:一直工作
007	压脚工作时间	5~30 s	参见 006 参数
008	压脚缓放	0~20	为"0"时抬压脚无缓放功能;不为"0"时值越大,压脚放得越慢
009	倒缝出力	10~99	值越大电磁铁出力越大,发热也越大
010	倒缝定时释放	ON~OFF	ON:倒缝工作一段时间(参数为 011)后自动关闭; OFF:一直工作
011	倒缝工作时间	5~30 s	参见 010 参数
015	参数区加密	ON~OFF	
017	参数恢复	ON~OFF	
022	电机转向	0~1	从手轮外端观察的电机转向。0:顺时针旋转;1:逆时针旋转(设置完成后,下次开机生效)
023	拖车运行时间	1~60 s	拖车模式下的运行时间
024	拖车停止时间	1~60 s	拖车模式下的停止时间
025	拖车总时间	1~720 h	拖车模式持续的总时间,超过该时间会自动终止拖车模式

续表

参数	名 称	范围	说 明
026	拖车模式开关	ON～OFF	ON：打开； OFF：关闭
027	用户密码	0～9999	用户可自行设定的参数区密码
030	识别器	ON～OFF	ON：识别器有效； OFF：无效
031	安全开关	ON～OFF	ON：安全开关有效； OFF：无效
032	安全开关极性	0～1	0：常关断；1：常接通
037	平车模式使能	ON～OFF	为"ON"时进入平车模式，只能进行启停和调速，无停针位和自动缝功能
048	夹线出力	10～99	值越大电磁铁出力越大，发热也越大
049	补针按键剪线	ON～OFF	ON：当 A05 关闭时，补针按键剪线
051	恢复出厂设置	ON～OFF	
052	变针位针数	1～10 针	GC9 系列双针机变位运行时的针数

5.6.7　简易故障及警告排除

简易故障的说明及对策如表 5-11 所示。

表 5-11　简易故障的说明及对策

显示	说 明	对 策
E01	电源电压过高	检查电源电压并与 5.6.8 中序号 12 的检测值进行比较
E02	电源电压过低	检查电源电压并与 5.6.8 中序号 12 的检测值进行比较
E03	母线电压过高	检查电源电压并与 5.6.8 中序号 12 的检测值进行比较
E04	母线电压过低	检查电源电压并与 5.6.8 中序号 12 的检测值进行比较
E06	母线电流过流	检查机头是否卡死，电机码盘线是否正确连接
E08	电机过载	检查负载是否过大，机头是否出现卡死，电机码盘线是否正确连接
E09	从机通讯故障	更换控制箱
E10	针位检测故障	针位检测器信号丢失，进行针位检测
E11	电机码盘故障	电机码盘信号异常，进行针位检测
E13	电磁铁检测电路故障	更换控制箱
E14～E19	电磁铁短路	分别对应剪线、倒缝、扫线、抬压脚、夹线和松线电磁铁短路，检查相关电磁铁及机头出线
E21、E24	电磁铁电压过高	进行电磁铁电压检测，检查机箱内的水泥电阻 R527 是否烧断
E22	升级模块数据故障	重新下载新版本软件到升级模块
E23	升级模块不匹配	所下载的软件与电控箱不匹配，重新选择合适软件
PEdL	调速器警告	调速器没有连接或调速器不规范动作的提示，松开踏板即可
id	识别器警告	识别器未连接，检查插座是否松动
HALL	电机码盘警告	电机码盘未连接，检查插座是否松动
CArE	安全开关警告	检查插座是否松动，或者重新设置参数 032 使之与机头相符
9	针位检测未连接	进入普通平车模式，只有启、停动作而无自动功能

5.6.8 检测功能

开机时按住 P ，显示"TEST"后进入信号检测功能，数码管 A 对应检测项目，通过加、减键选择当前的检测项目，退出检测功能时需掉电。

1. 调速器检测

调速器检测如下所示：

当脚踩踏板处于不同位置时显示内容如表 5－12 所示。

表 5－12　脚踩踏板显示码的含义及说明

显示码	含义	说明
HS02～ HS99	高速缝制位置	正向第二段，拉力指示为 02～99
LS01	低速缝制位置	正向第一段，拉力指示为 01
BL――	平衡位置	初始状态
FP――	抬压脚位置	倒向第一段
TM――	剪线位置	倒向第二段
ERRO	错误状态	调速器故障或未连接

2. 针位信号检测

针位信号检测如下所示：

用手均匀转动手轮，数码管 D～E 显示"UP"，表明上针位信号有效（但不代表手轮此时处于上针位停针位置）。对于皮带驱动型机头，如果没有连接检测器则显示"ERRO"。

3. 机头开关检测

机头开关检测如下所示：

数码管 C：机头灯的亮度测试，范围为 0～5，按下 C＋测试；

数码管 E：对于只有单开关的机头为开关状态，对于有双开关的机头为倒缝开关状态；

数码管 F：对于有双开关的机头为补针开关状态；

数码管 G：对于直接驱动型机头为安全开关状态，对于皮带驱动型机头为检测器的连接状态。

4. 电机码盘信号检测

电机码盘信号检测如下所示：

用手均匀正向转动手轮，电机处于不同位置时数码管 B 显示三相霍尔信号，范围为 0～7，如果出现错误状态显示"E"。数码管 D～G 显示的数值随着电机的位置进行增加，正常情况下，电机每转动一周计数自动清零，误差为±5。

5. 电磁铁功能检测

电磁铁功能检测如下所示：

$$5\ r\ r\ 8\ F\ U$$

按下 C＋、D＋、E＋、F＋和 G＋键可以动作电磁铁，电磁铁对应关系如下。

数码管 C：显示"T"对应剪线电磁铁；

数码管 D：显示"R"对应倒缝电磁铁；

数码管 E：显示"W"对应扫线或夹线电磁铁；

数码管 F：显示"F"对应抬压脚电磁铁；

数码管 G：显示"U"对应松线电磁铁。

6. 识别器识别码检测

识别器识别码检测如下所示：

$$6\ n\ \ \ 0\ 1$$

数码管 C 显示识别器的类型，"N"表示为新式识别器，可以储存于机头相关的参数；"0"表示为老式识别器，不能储存参数。数码管 E～G 显示识别码，如上所示的识别码为01。如果识别器未连接，则显示"ERRO"。

7. 控制箱软件版本检测

控制箱软件版本检测如下所示：

$$7\ c\ \ u\ 2\ 1\ 7$$

显示版本号为 v2.17。

8. 控制箱软件版本发布时间检测

控制箱软件版本发布时间检测如下所示：

$$8\ 1\ 3\ 0\ 5\ 0\ 2$$

显示版本发布时间为 2013 年 5 月 2 日。

9. 电路板板号检测

电路板板号检测如下所示：

$$9\ 2\ 2\ 0\ 1\ 2\ F$$

显示当前的电路板板号为 YX－B22－01－2F。

10. 操作盒软件版本检测

操作盒软件版本检测如下所示：

$$A\ P\ A\ u\ .\ 1\ 9$$

显示版本号为 v1.9。

11. 保留

保留功能如下所示：

$$b\ P\ U\ u\ -\ -\ -$$

12. 输入电压检测

输入电压检测如下所示：

$$c\ 2\ 2\ 0\ 3\ 1\ 0$$

显示当前交流电源为 220 V，母线电压为 310 V。

13. 电机 A 相电流检测

电机 A 相电流检测如下所示：

$$d\ i\ A\ 4\ 0\ A\ 8$$

显示电机 A 相的电流参考值为 40A8，电流范围在 4000～4100 内为正常电流。

14. 电机 B 相电流检测

电机 B 相电流检测如下所示：

$$E\ i\ b\ 4\ 0\ A\ 8$$

显示电机 B 相的电流参考值为 40A8，电流范围在 4000～4100 内为正常电流。

15. 系统电压检测

系统电压检测如下所示：

$$F\ 5\ 0\ \quad 3\ 1.0$$

数码管 B、C 显示系统控制电压，当前显示值为 50 V，正常值范围为 50±5；数码管 E～G 显示电磁铁电压，当前显示值为 31.0 V，正常值范围为 31.0±0.5。

16. 日期和时间检测

按下 〇 可以切换到显示日期和时间信息，日期和时间检测如下所示：

$$G\ 1\ 0\ 3\ 3\ 4\ 0$$

显示当前时间为 10 时 33 分 40 秒，通过 C+、E+ 和 G+ 键可分别对时、分和秒进行调整，按 S 确认修改。

$$G\ 1\ 3\ 0\ 4\ 3\ 0$$

显示当前日期为 2013 年 4 月 30 日，通过 C+、E+ 和 G+ 键可分别对年、月和日进行调整，按 S 确认修改。

17. 角度检测及设置

角度检测及设置如下所示：

$$H\ =\ o\ \quad -\ -\ -$$

角度检测及设置的初始为角度 0 点的设置界面，可通过 C+ 和 C- 键切换当前角度检测或设置的类型。用手均匀正向转动机头，显示当前机头相位。

1）机头角度 0 点的设置（类型显示为"ZO"）

首先要设置机头的角度 0 点。均匀正向转动手轮，当角度值显示数字后继续转到针杆的最高位置，此时按 S，显示"SET"后将当前角度设为 0 点。

2）上针位角度的设置（类型显示为"UP"）

均匀正向转动手轮，转至合适的上针位位置后，按下 S，显示"SET"后会将当前角度设置为上针位位置并保存。当已经保存的角度值与显示值相同时，数码管 D 会显示闪烁的字母"O"。

　　3）其他角度的设置

　　其他角度的设置操作同上针位角度的设置。包括：下针位角度的设置（类型显示为"DW"）、剪线电磁铁动作角度的设置（类型显示为"TA"）、剪线电磁铁释放角度的设置（类型显示为"TR"）、倒缝电磁铁动作角度的设置（类型显示为"RA"）、倒缝电磁铁释放角度的设置（类型显示为"RR"）、夹线电磁铁动作角度的设置（类型显示为"CA"）、夹线电磁铁释放角度的设置（类型显示为"CR"）。

5.7　缝制设备的使用及维修

　　缝纫机必须经常润滑，第一次使用缝纫机或长时间未使用缝纫机时，要先充分加油（请使用说明书指定的 10♯工业缝纫机润滑油），然后抬起压脚进行低速运转（3000 针/min 左右），观察油窗的喷油情况。润滑正常后，仍须保持低速 30 min 的试运转，以后逐步提高速度，大约经过一个月左右才能充分磨合。如图 5 - 10 所示为 GC6910 一体式自动剪线平缝机，其使用说明如下。

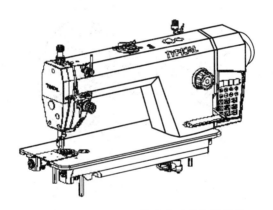

图 5 - 10　GC6910 一体式自动剪线平缝机

1. 油盘注油

　　油量必须按油盘内的标记加注，如图 5 - 11 所示。图中，标记 A 是油量最高位，B 是油量最低位，当油量下降到 B 以下时，请及时补充油量。补充油量时旋松放油螺钉 C，排净废油，清洁油盘污尘，然后旋紧放油螺钉 C，加注新油。

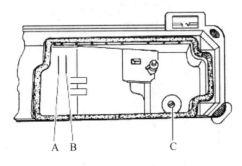

图 5 - 11　注油图

2. 旋梭油量调节

如图 5-12 所示，旋梭油量可以用油量调节螺钉 A 加以调节。按图 5-12 中所示"＋"号方向旋转，油量增加；按"－"号方向旋转，油量减少。

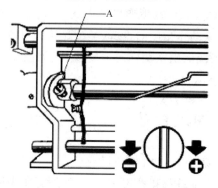

图 5-12　旋梭油量调节图

3. 油泵进油调节

如图 5-13 所示，通常情况下不作油泵进油调节。在低速运转时观察油窗，如果没见喷油现象，请合拢间隙。

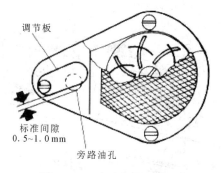

图 5-13　油泵进油调节图

4. 机针安装

如图 5-14 所示，将机针的长槽 A 朝向操作者的左面，把针柄插入针孔内，注意一定要接触到针杆孔的底部，再旋紧夹针螺钉，固定机针。

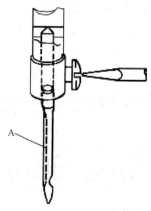

图 5-14　机针安装图

5．脚踏板与调速器拉杆连接

如图 5－15 所示，安装调速器 A，并用拉杆 C 连接脚踏板 B 与调速器 A(S106)，使拉杆 C 保持垂直状态，脚踏板 B 安装的倾斜度应与地面以 15 度为宜。

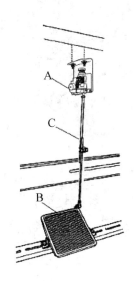

图 5－15　脚踏板与调速器拉杆连接图

6．松线器挺线调节

如图 5－16 所示，压脚在提升范围时，夹线器上的夹线板有一个张开期，挺线的时间可进行调节。调节时，先卸下机头背面的橡皮塞，用螺丝刀 B 旋松膝控提升杠杆(左)螺钉 A，这时松线凸轮 D 可以左右移动，往右移挺线慢，往左移挺线快。如有条件的话，在压脚 C 下垫上一块与压脚提升高度尺寸相等的垫块，则调节时更方便。

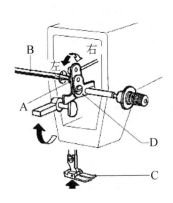

图 5－16　松线器挺线调节图

7．穿线

如图 5－17 所示，穿面线时挑线杆一般应在最高位置，然后由线架上引出线头按顺序穿线。引底线时，先将面线头捏住，转动主动轮使针杆向下运动，再回升到最高位置，然后拉起面线，底线即被引上来。

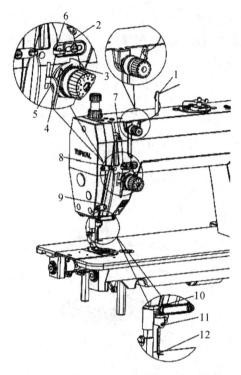

图 5 - 17　穿线图

8. 绕线

　　如图 5 - 18 所示,打开电源开关,将梭芯 A 置于梭芯卷线轴 B 上,按箭头所示的方向将线在梭芯 A 上卷绕几次。将扳手 C 推向梭芯 A,用压脚扳手将压脚抬起,踏下脚踏板,随即开始卷绕底线,底线卷绕一旦完成,扳手 C 将自动返回。底线卷绕之后,将梭芯取下,用切刀 D 将线割断。说明:

　　(1) 松开螺钉 E,用移动扳手 C 可调节卷绕在梭芯上的底线量。

　　(2) 卷绕在梭芯上的底线量最多可为梭芯容量的 80%。

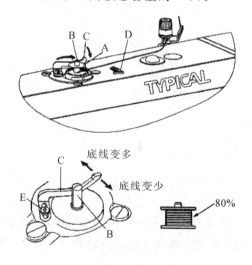

图 5 - 18　绕线图

9. 压脚压力调节

如图 5-19 所示，压脚压力要根据缝料的厚度加以调节。首先旋松调节螺钉，锁紧螺母 A。缝纫厚料时，应加大压脚压力，将机头顶部的调节螺钉向 a 所示方向转动；缝纫薄料时，向 b 所示的方向转动，以减小压脚的压力。最后旋紧调节螺钉，锁紧螺母 A。压脚压力应以能正常推送缝料为宜。

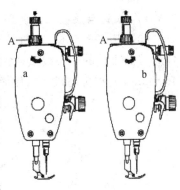

图 5-19 压脚压力调节图

10. 缝线张力调节

缝线张力调节是指依据缝纫出来的线迹来调整底、面线的张力，它分为底线张力调节和挑线簧张力调节。

1）底线张力调节

如图 5-20 所示，通过旋转梭芯套上的梭皮螺钉 a 进行底线张力的调节。具体调节方法是当梭芯装入梭芯套后，捏住线头，吊起梭芯套，以梭芯套能缓缓下落为宜。

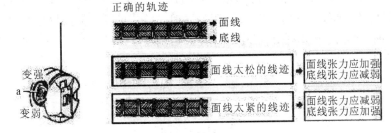

图 5-20 底线张力调节图

2）挑线簧张力调节

如图 5-21 所示，挑线簧张力的调节方法是：先旋松夹线调节螺钉 A，然后就能转动夹线螺钉 B。顺时针转动时，张力增加，反之则减少。

3）挑线簧摆动幅度调节

如图 5-22 所示，挑线簧摆动幅度的调节方法是：旋松夹线调节座固定螺钉 B，转动夹线器 C，调节摆动幅度。夹线器 C 顺时针转动时，摆动幅度增加，反之则减少。挑线簧的摆动幅度为 6~10 mm，缝纫薄料要减弱挑线簧的张力和放宽摆动幅度，缝制特别厚的缝料则相反。

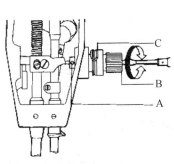

图 5-21 挑线簧张力调节图

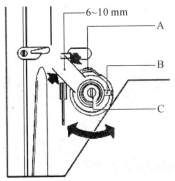

图 5-22 挑线簧摆动幅度调节图

11. 机针与旋梭位置调整

如图 5-23 所示,当机针从最低位置上升到距离 A 时(见图 5-23(a)),旋梭的勾线尖 D 应与机针 C 的中心线重合(见图 5-23(b))。此时,勾线尖 D 应高于机针线孔上边 1.0～1.5 mm,旋梭尖与机针的侧面间隙为 0.05 mm。

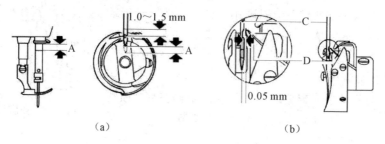

（a）　　　　　　　　　　　（b）

图 5-23　机针与旋梭位置调整图

12. 针距及倒、顺送料调节

如图 5-24 所示,针距的长短可以通过转动针距旋钮 A 来调节。针距旋钮上的数字表示针距的长短尺寸(单位为 mm),调节针距的同时,另一只手要掀压操作杆 B。

倒向送料时,将倒缝操作杆 B 向下掀压,松开后倒缝操作杆 B 自动复位,恢复顺向送料。

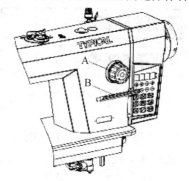

图 5-24　针距及倒、顺送料图

13. 送布牙与机针位置调整

如图 5-25 所示,按主动轮转动的方向降低送布牙 A,当和针板表面 B 相平时,机针 C 的针尖的标准位置应在针板表面下方 3 mm 处,见图 5-25(a)。松开送布凸轮螺钉 F,分别转动主动轮和送布凸轮,调整机针与送布牙的相对位置,调整完毕后拧紧螺钉 F,见图 5-25(b)。

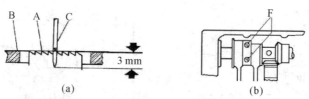

（a）　　　　　　　　　　　（b）

图 5-25　送布牙与机针位置调整图

14. 倒、顺针距误差调节

如图 5-26 所示,旋松螺钉 A,旋转"连杆偏心轴"B。向右旋时顺缝针距变小,倒缝针距变大;向左旋时顺缝针距变大,倒缝针距变小。

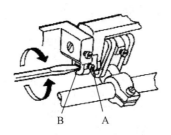

图 5 - 26　倒、顺针距误差调节图

15. 送布牙倾斜调整

如图 5 - 27 所示，当送布牙前面高时，可防止布料起缩，不容易出现空针；当送布牙前面低时，可防止布料跑偏，底线不易断。

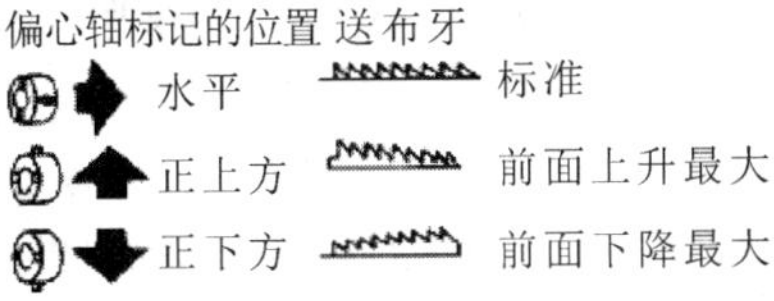

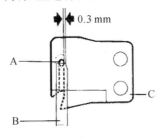

图 5 - 27　送布牙倾斜调整图

16. 固定刀片和左刀片的位置

如图 5 - 28 所示为刀片和左刀片的标准位置。如果尺寸过大，将会同时剪断 3 根线或者将线从针眼抽出；如果尺寸过小，会发生剪切事故。若出现上述情况，可通过固定刀架的安装位置或者固定刀片 B 的安装位置进行调整。

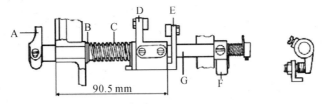

图 5 - 28　固定刀片和左刀片的位置图

17. 切刀驱动轴定位

如图 5 - 29 所示为切刀驱动轴的标准位置。装配时，切刀驱动轴 G 要先套在切刀驱动轴曲柄 A 上，剪线凸轮曲柄 D 按标准位置安装合适后，固定在切刀驱动轴上，限位块 F 的安装应保证切刀驱动轴没有轴向间隙，并能平移旋转，安装合适后固定。

A—切刀驱动曲柄；B—扭簧端盖；C—驱动轴弹簧；D—凸轮曲柄 1；

E—凸轮曲柄 2；F—限位块；G—切刀驱动轴

图 5 - 29　切刀驱动轴定位图

18. 剪线电磁铁工作行程调整

如图 5-30 所示，用定位螺母 A 调整行程，标准工作行程为 6 mm。

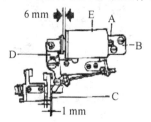

A—定位螺母；B—剪线电磁铁架；C—剪线凸轮曲柄 2；
D—挠性驱动板；E—剪线电磁铁

图 5-30　剪线电磁铁工作行程调整图

19. 剪线凸轮安装

剪线凸轮安装步骤如下：

（1）将上轮定位记号 A 对准机壳上的定位记号 B，见图 5-31(a)。

（2）在剪线电磁铁处于工作状态下，剪线凸轮 C 按正常转动的方向旋转，在滚柱 D 和凸轮 C 啮合时固定凸轮，见图 5-31(b)。

（3）解除电磁铁的工作状态，凸轮驱动曲柄 E 复位，凸轮 C 和滚柱脱离啮合，标准间隙应为 0.5~1.0 mm，见图 5-31(c)。

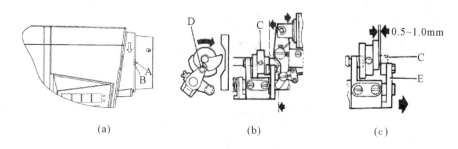

(a)　　　　　　　(b)　　　　　　　(c)

图 5-31　剪线凸轮安装图

20. 刀片剪切啮合调整

如图 5-32 所示，当电磁铁工作时，转动机器，剪线凸轮就带动刀片 A 转动，刀片 A、B 的最大啮合量为 1.5~2.0 mm。

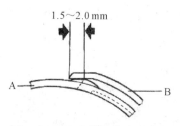

图 5-32　刀片剪切啮合调整图

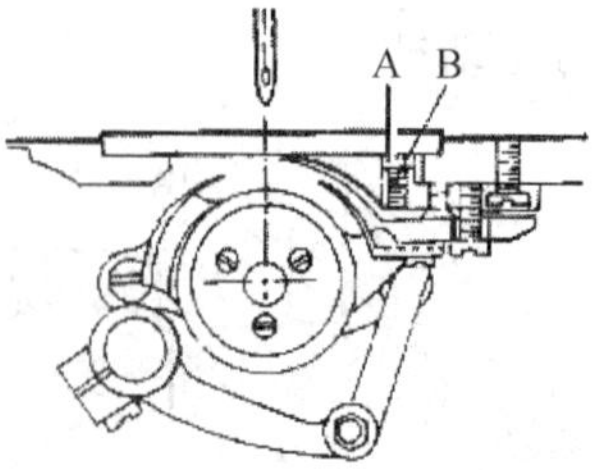

图 5-33　刀片剪切压力调整图

21. 刀片剪切压力调整

如图 5-33 所示，当剪切粗线，需要增加剪切的压力时，先松开锁紧螺母 A，然后调整螺钉 B 即可。

22. 上线张力调整

如图 5-34 所示，当剪线电磁铁 A 工作时，夹线器中的夹线板应有 1 mm 的间隙，见图 5-34(a)。如果夹线板的间距太小，上线剪断后留的线头太短，容易脱出针眼；间距过大，夹线板夹不紧，上线没有一定的张力。可通过旋松螺母 B，移动软线 C 来调整夹线板的间距，见图 5-34(b)。

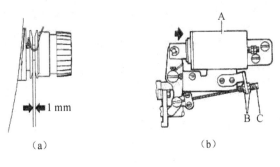

（a）　　　　　　　　　　（b）

图 5-34　上线张力调整图

23. 上线留线头长度调节

如图 5-35 所示，调节螺母 A，向右旋时上线留线头变短，向左旋时上线留线头变长。

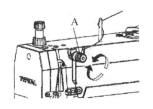

图 5-35　上线留线头长度调节图

24. 倒缝电磁铁安装

如图 5-36 所示，调节电磁铁 A 的位置，以保证电磁铁衔铁和连杆的连接顺畅，在保证倒缝操纵杆 B 能灵活运动后，用安装螺钉固定。

25. 倒缝、补针开关操作

如图 5-37 所示，针对双开关机型，按动开关 A 可进行补针作业，按动开关 B 可进行倒缝作业。

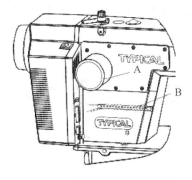

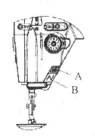

图 5-36　倒缝电磁铁安装图　　　　图 5-37　倒缝、补针开关图

26．旋梭、梭芯套、梭芯

如图 5-38 所示，切线缝纫机专用旋梭上必须有一个线槽 A，而且在底部带有防止梭芯空转的弹簧 B 的梭芯套。

图 5-38　旋梭、梭芯套、梭芯示意图

27．定期清扫

如图 5-39 所示，根据使用程度，定期清扫送布牙、旋梭、梭芯套和油泵过滤网等。

1）送布牙的清扫

清扫送布牙时，先卸下针板，清除送布牙牙间距（牙槽）内的尘垢，然后再安好针板，见图 5-39(a)。

2）旋梭的清扫

清除旋梭周围的尘垢，同时用软布擦拭梭芯套，见图 5-39(b)。

3）油泵过滤网的清扫

清除过滤网上的尘屑，见图 5-39(c)。

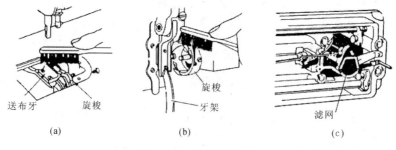

送布牙　旋梭　　　　　旋梭　　　　　滤网
　　　　　　　　　　　牙架

　(a)　　　　　　　　(b)　　　　　　　(c)

图 5-39　定期清扫图

28．挡线装置调整

如图 5-40 所示为调整挡线勾的工作位置。具体操作如下：

（1）拧松螺钉 A，调整挡线勾 B，其标准高度为机针在最高位置时距挡线勾 2 mm，见图 5-40(a)。

（2）调节时首先旋松螺钉 C、B，然后调整电磁铁组件 A 的安装位置，见图 5-40(b)。当挡线电磁铁的衔铁 D 全部进入电磁铁后（电磁铁工作时），挡线勾距机针中心的标准距离为 0~2 mm，见图 5-40(c)。

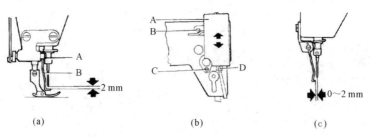

　(a)　　　　　　　　(b)　　　　　　　(c)

图 5-40　挡线装置调整图

第6章 包装印刷设备

6.1 包装印刷概述

包装印刷是指在物体的包装上印刷装饰性花纹、图案或者文字，以此来使产品更有吸引力或更具说明性。其主要特点是以包装类材料作为印刷基材，产品也主要应用于包装领域，它与书刊印刷、商业印刷有着明显的区别。

随着食品、化妆品、医药、建材等行业的飞速发展，以及印刷材料和加工技术的不断提高，人们对包装印刷的需求日益增长，该行业获得了巨大的市场动力，而印刷材料、印刷设备的稳步发展也给整个产业的发展提供了巨大的机遇。近十多年来，中国包装印刷业均以高于 GDP 增长的速度在增长，经济越发展，人民生活水平越提高，包装印刷业就发展得越快。而且，包装印刷业较少受到经济景气度的影响，在经济大周期中一直处于较高的增长状态。

6.2 包装印刷的分类及技术指标

包装印刷主要有平印、凸印、凹印等，随着商品经济和科学技术的发展，不同印刷的工艺特色和适印范围也不相同，它们会长期并存，互相补充，都在包装印刷中占有一席之地。

6.2.1 包装印刷的分类

1. 平版印刷

平版印刷制版简单，版材轻便，上版迅速，能快速生产出质量好、套印准确的大幅面彩色印刷制品，特别适用于印刷图文并茂的产品。近年来，平印技术不断融入光学、化学及电子计算机等高、精、尖的新技术，体现了当代的高科技水平。但平版印刷不能印刷薄膜类产品，仅适用于一些纸张印刷，对于新材料、新工艺的使用有一定的限制。

2. 凸版印刷

凸版印刷主要是指柔性版印刷，近年来得到了快速发展。柔性版印刷油墨污染小，制版快，适应印刷材料广，既能印刷薄厚不同的纸张，也能印刷轻薄的无纺布、透气膜等材料，满足了不同包装材料的印刷需求。但柔性版印刷色彩表现差，图案质量平淡，需要在油墨方面进一步改进。另外，对于高精度的柔性版印刷设备，制造和使用成本较高，这也是制约其发展的重要因素。

3. 凹版印刷

凹版印刷的优势一直在于高速、宽幅、低耗和停机时间少，能在各种承印材料上获得最佳印刷的效果。近年来，随着小订单的不断增多，设备制造厂家在减少停机准备时间、降低损耗、提高性能等方面不断努力，取得了许多成果，使凹版印刷的适用性得以提高，在印刷包装领域占据了主导位置。但由于凹版印刷油墨的高挥发和高污染特性，使其在环保方面存在明显短板，需要开发污染低、排放易回收的新型油墨。

随着科学技术的迅猛发展，包装印刷技术不断与新兴科技和边缘学科相结合，在战略高技术领域进行创新和突破，出现了许多新技术，如静电印刷、喷墨印刷以及数字式印刷等。从当今的印刷技术发展趋势来看，我国的印刷机制造技术正快速地向高度自动化、联动化、智能化、数字化、网络化和多色、多功能的方向发展。

新型的印刷设备上已经广泛应用了现代最新技术，包括电脑遥控、自动上版、自动套准的数字控制、故障自动监控显示、无轴技术、伺服技术、离子喷涂技术、光纤传导技术等。

6.2.2 包装印刷的技术指标

包装印刷的技术指标主要体现在印刷速度、印刷精度、适印材料上。目前，国内主流印刷设备的速度在 250 m/min 以上，最高达 500 m/min，套准精度小于等于±0.1 mm，根据不同的设备和不同的要求适印材料各不相同。

6.3 包装印刷设备的功能部件

由于不同的包装印刷设备适用于不同的印刷材料，具体的要求也不一样，所以其功能部件也不相同。以凹印机为例，其主要功能部件有以下几种。

1. 放料部件

放料部件主要完成卷筒印刷材料的平稳展开，保证印刷时的稳定运行。除了具备必要的强度、稳定性等通用性能外，关键在于准确控制料卷驱动电机在不同卷径时的转速，以及在两个料卷相互交接时的速度同步，平稳交接。

2. 放料裁切部件

放料裁切部件主要完成在高速运行状态下两个料卷材料的切换。根据不同的印刷材料，会有不同的结构形式。要保证两个料卷材料的同步运行，减少对运行状态的影响，并保证接头的安全可靠，不会影响后续的印刷。

3. 放料牵引部件

放料牵引部件对放料部件展开的印刷材料进行精准控制，使其以恒定的速度和稳定的状态进入印刷部件。除了要有精确控制的牵引驱动电机外，还要有对印刷材料的张力可精确检测的机构，并根据张力的变化控制电机的转速。

4. 印刷部件

印刷部件完成印刷材料的印刷功能。该部件要考虑材料的合理运行路径，油墨的传递、转移和干燥以保证各印刷机组之间印刷材料的稳定运行以及各个色彩的准确套印。

5. 收料牵引部件

对印刷完成的材料要进行精准控制，使其以恒定的速度和稳定的状态进入收料部件。与放料牵引部件相同，该部件需要有对印刷材料的张力可精确检测的机构，并根据张力的变化控制电机的转速。

6. 收料部件

收料部件将印刷完成的材料卷绕成卷。两个卷芯轮换连续运转，保证印刷材料能够连续稳定运行，成卷材料松紧适宜，减少在卷绕过程中产生废品。

7. 收料裁切部件

在收料部件的两个卷芯交接的过程中，收料裁切部件完成将印刷材料从运行卷芯转移到另一卷芯的操作，包括将材料粘贴到新卷芯并及时从原卷芯切断的动作。

8. 电气控制部件

电气控制部件用于整台设备的电气控制，要求准确实现全部动作，协调各部件并驱动电机运行。

6.4　典型产品的包装印刷过程

以塑料软包装产品为例，一般的包装印刷过程如下：

（1）依据用户要求进行版面设计，同时要考虑印刷材料的幅面、印版尺寸；

（2）制作版辊；

（3）根据订单量安排生产及耗材，包括油墨用量、溶剂用量、薄膜用量、生产人员、设备、生产班次等；

（4）设定设备的工艺参数，包括印刷速度、张力参数、温度参数、干燥风量等；

（5）开机印刷，统计产量；

（6）转入后道工序。

6.5　包装印刷专用的数控系统

包装印刷专用的数控系统包含张力控制系统和自动套色控制系统。

6.5.1　张力控制系统

张力控制系统是印刷机所使用的一套高精度、高可靠性的印刷材料控制系统。它由七台交流矢量变频电机驱动双工位放卷轴、放卷牵引辊、印刷主轴、收料牵引辊、双工位收卷轴进行印刷材料的张力控制，用张力摆辊进行张力检测，通过 PLC 进行中央控制，操作模式为触摸屏并可同时完成自动卷径检测、自动卷径运算、卷径报警、收放卷全自动裁切、锥度计算、计长、收放卷正/反向切换、收放卷停机张力保持、故障检测与故障诊断、印刷机管理及远距离技术支持等功能。

张力控制系统的要求如下：

（1）要保证各张力段材料张力恒定，速度同步，响应快；

（2）起、停要平稳，无冲击，材料不得起皱；

（3）接料时两收卷的表面线速度相等，实现快速换卷；

（4）每段张力恒定，摆辊的摆动幅度小；

（5）加、减速和运行要平稳，无速度突变；

（6）低频转矩特性好，速度精度高；

（7）收、放、卷、换料方便，无张力突变而影响套色；

（8）要有必要的保护并且操作方便；

（9）可自动运算直径与材料厚度。

6.5.2 自动套色系统

自动套色系统采用计算机控制方式，它的特点是能高速、准确地进行采样和运算。通常情况下，它由光电眼、编码器、中央控制器、纠偏装置及显示屏等五大部分构成。

光电眼的作用是对承印物料上的色标进行监视和采样，它安装在第 2 色以后（含第 2 色）的各印刷单元的调节支座上。

编码器具有把承印物上的色标和图案与其他污迹相区别的作用，它与版辊一起同步旋转，为计算机提供定位基准。计算机程序根据采样信号和基准信号进行处理，获得色标搜索区，各色标搜索区间的大小还能自动调整。只有在搜索区间内，光电眼产生的套色标志脉冲才能顺利地送入中央控制器，而非搜索区间内的图案或污迹产生的脉冲会被拒绝往下传达。因此，光电眼与编码器配合使用就能准确地筛选出套色标志脉冲，并及时输送到中央控制器。

中央控制器是自动套色装置的中枢部分，起着大脑的作用。为使套色偏差保持在零的位置，它根据采样送入的脉冲信号分析判断有无套色偏差、偏差量的大小及方向，以便准确、及时地进行控制。中央控制器由计算机主机、I/O 端口、光隔离板和专用电源等部件组成，在计算机主板上设置了输入电路、运算电路和输出电路等。

6.6 包装印刷设备的操作

以凹版印刷机为例，具体操作如下：

（1）在主电源指示灯亮后，合上 380 V、50 Hz 的主电源开关，确认电压，打开控制线路开关，确认控制线路指示灯亮，然后打开要使用的各个电机和电气设备的开关，打开张力控制柜的开关。

（2）利用触摸屏人机界面来设定"版周长"。开机前请按动"报警"按钮，警报器鸣响，用以提示操作人员。

（3）按"排风"按钮，"排风"指示灯亮，启动排风机排风。启动需等待一段时间，待排风机正常工作后（约 15 秒），方可启动印刷机。

（4）按"启动"按钮，"启动"指示灯亮，印刷机进入运行准备状态。在"启动"后 3 秒内，按下"空转"按钮，只有版辊转动。按下"张力投入"按钮，"张力投入"指示灯亮，收、放料电机进入张力控制状态，料膜被拉紧。

（5）在按下"张力投入"及"空转"按钮后，方可按下"联动"按钮，"联动"指示灯亮，牵引压辊合下，"牵引合压"指示灯亮，印刷机以最低速度载料运行。进入"联动"状态后，可执行"全体合压"进行印刷。

（6）在"空转"和"联动"状态下，可通过操作面板的"加速"、"减速"按钮进行手动加、减速。在"空转"和"联动"状态下，再次按下"启动"按钮，印刷机自动升至设定的自动加速的最高速度。

（7）将印刷单元面板上的"热风"旋钮置于"打开"，该印刷单元的给风风机启动。

（8）当放料料卷所剩印刷材料不多时，在准备的料轴上安装新料卷。使用手轮调整料卷的横向位置，使两个料卷边缘对齐。使用放料裁切面板上的"回转架正转"、"回转架反转"按钮进行回转架的旋转操作。

（9）在印刷机正常工作状态下，按下"预备接料"按钮，回转架转至预设位置，裁刀大臂落下。当面板上"预速同步"指示灯亮时，方可按下"接料"按钮，料卷自动裁切。

（10）刮刀片安装。如图 6-1 所示，将刮刀刀片及刀片衬板插入刮刀夹板的缝隙中，调整至其平整且刀口平齐，使用扳手拧紧上部的紧固螺钉。

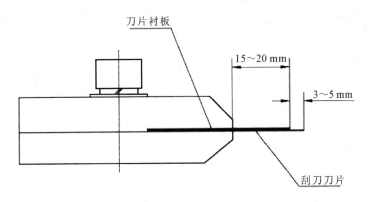

图 6-1　刮刀片安装图

（11）刮刀夹板安装。如图 6-2 所示，将刮刀夹板插入刮刀底板与压块之间，拧紧上部手轮。

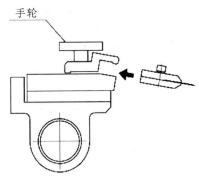

图 6-2　刮刀夹板安装图

（12）刮刀调整。如图 6-3 所示为刮刀调整图，具体步骤为：

① 旋转升降手轮 1，调整刮刀上下移动；

② 用升降锁紧手柄 2，锁紧刮刀上下位置；

③ 旋转角度调整手轮 4，调整刮刀角度；

④ 用右侧角度锁紧手柄 3，锁紧刮刀角度位置；

⑤ 用右侧旋转刀架前后调整手轮 5，调整刀架前后位置；

⑥ 用右侧刀架前后锁紧手柄6，锁紧刀架前后位置；

⑦ 用左侧旋转刀架前后调整手轮8，调整刀架前后位置；

⑧ 用左侧刀架前后锁紧手柄7，锁紧刀架前后位置；

⑨ 用左侧刀角度锁紧手柄9，锁紧刮刀角度位置。

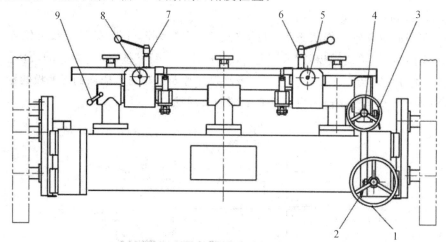

1—升降手轮；2—升降锁紧手柄；3—右侧角度锁紧手柄；4—角度调整手轮；

5—右侧刀架前后调整手轮；6—右侧刀架前后锁紧手柄；7—左侧刀架前后锁紧手柄；

8—左侧刀架前后调整手轮；9—左侧角度锁紧手柄。

图 6-3　刮刀调整图

（13）刮刀与版辊的接触角度调整。通过刮刀调整机构，在图6-4所示范围之内调整刮刀与版辊的接触角度。

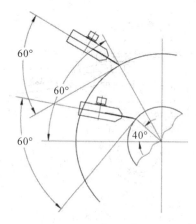

图 6-4　刮刀与版辊的接触角度调整图

（14）刮刀压力调整。通过操作印刷侧面操作面板上的"刮刀离合"旋钮控制离合，通过印刷面板上的减压阀调整刮刀压力，压力表显示压力。

（15）刮刀窜动调整。刮刀窜动为电机独立驱动，通过操作印刷侧面操作面板上的"刮刀电机"旋钮控制开关，通过操作印刷侧面操作面板上的"刮刀调速"旋钮控制其窜动速度。

（16）使用刮刀夹纸器夹纸。如图6-5所示，将纸条放置于夹纸板下部，使用夹纸板夹紧，将纸条置于印版边缘可防止印版边缘甩墨。

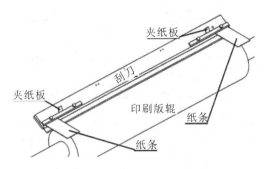

图 6-5　刮刀夹纸器示意图

（17）版辊安装。如图 6-6 所示，调节 M 侧手轮，使 M 侧锥头的伸出量达到版辊长度（参考 M 侧标尺）。先将印版穿入 M 侧锥头，版孔与 G 侧锥头对准，印版的检测与 G 侧锥头的键槽方向一致，再将手动阀搬至左侧，气缸带动锥头顶紧印版。

图 6-6　版辊安装图

（18）顶版气压调整。如图 6-7 所示，使用手动阀上方的减压阀对顶版气缸进行气压调节。

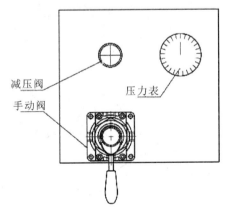

图 6-7　顶版气压调整图

（19）版辊点动。将印刷单元侧面操作面板上的"单动—联动"旋钮旋至"单动"后，就可按下"单动"按钮单独控制该色版辊的旋转。

（20）纵向调整。使用印刷单元侧面操作面板上的"纵向套色"旋钮进行纵向调整，通过改变版辊相位进行套印调整，使用印刷单元侧面操作面板上的"粗调—细调"旋钮改变调节速度。

（21）横向调节。如图 6-8 所示，用"横向调整手轮 A"、"横向调整手轮 B"对印版进行横向调节，调整完成后拧紧"锁紧手轮"。

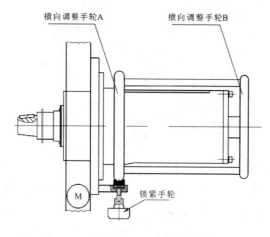

图 6-8　横向调节图

（22）油墨盘装卸。如图 6-9 所示，依靠下部的卡槽将油墨盘安装于支架上部，使用左侧的手轮对油墨盘的高度进行调整。

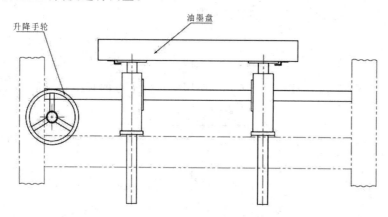

图 6-9　油墨盘装卸

（23）油墨盘位置调整。如图 6-10 所示，递墨辊的浸墨深度应为 10～15 mm。

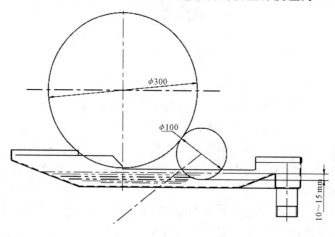

图 6-10　油墨盘位置图

（24）压印胶辊安装。将 M 侧、G 侧的固定手轮脱开（参考图 6-6），使压块脱出轴承安装孔，将压印胶辊置于胶辊托架上，使胶辊轴承滚入轴承沟槽内，固定压块后锁紧固定手轮，如图 6-11 所示。

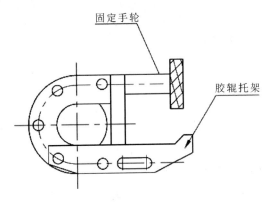

图 6-11　压印胶辊安装图

（25）压印胶辊锁定。如图 6-12 所示，压辊离压后，转动手轮改变限位凸轮的角度，使限位轴承完全包裹于限位凸轮的缺口内部。

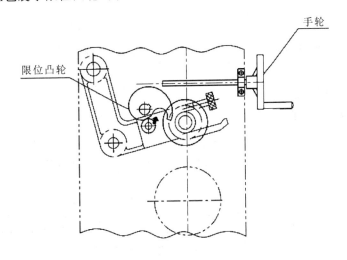

图 6-12　压印胶辊锁定图

（26）压印力调整。使用印刷单元操作面板上部的减压阀对压印气缸进行气压调节。

（27）套准检测头位置调整。如图 6-13 所示，转动"调整手轮"可使反射板前、后移动，调整反射板与套准电眼的距离来确定套准检测头的位置。

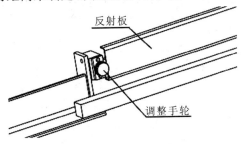

图 6-13　套准检测头位置调整图

（28）当收料料卷足够大时，需要更换收料料轴，具体操作同步骤 8 和 9。

（29）温度控制。使用温控表对热风温度进行调节。

（30）风量控制。使用各风道的风量调节器调整风道通路面积以及各段风量。

6.7 包装印刷设备的维护

6.7.1 整体维护

对包装印刷设备整体维护的要求如下：

（1）所有设备的维护必须在停机状态下进行；

（2）电气元件的维护必须在断电后进行；

（3）在停机进行操作调整时，必须锁住停机按钮；

（4）请专业人员完成机器维护保养。

6.7.2 清洁

对包装印刷设备的清洁要求如下：

（1）整机清洁。及时清理印刷机及工作范围内的杂物，避免影响设备运行，定期对印刷机进行整体除尘。

（2）印版顶版轴的清洁。在印版拆卸前，对顶版轴（印版的安装轴）的外露进行清理，保证表面无油墨及其他杂质。

（3）刮刀的清洁。印刷完成后，及时清理刮刀夹板、底板等处的油墨。

（4）墨槽及升降机构的清洁。印刷完成后，及时对墨槽及升降机构进行清理。

（5）导辊、冷却辊的清洁。印刷中，如导辊黏结油墨，要及时清理，保持导辊、冷却辊表面洁净。

（6）烘箱的清洁。对烘箱活动箱的吹风口（吹风风嘴）和回风部分（网孔板）定期进行清理。

（7）热风进风口的清洁。对热风进风口（网格滤网）定期进行清理。

6.7.3 润滑

1. 定期涂抹润滑脂润滑

每月润滑一次，建议使用油脂为 GB/T7324—1994 2♯锂基润滑脂，需要润滑的部位包括：

（1）如图 6-14 所示的回转架驱动部（位于收、放料下部的操作箱内）。

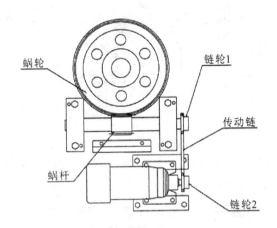

图 6-14　回转架驱动部润滑图

（2）如图 6-15 所示的墨盘升降（位于印刷墙板内 M 侧）处。

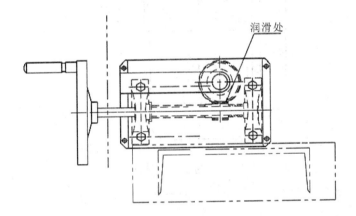

图 6-15　墨盘升降润滑图

（3）如图 6-16 所示的压印凸轮调整机构（位于印刷单元 M 侧的操作箱内）。

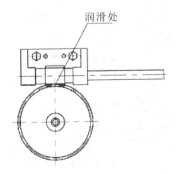

图 6-16　压印凸轮调整机构润滑图

（4）如图 6-17 所示的递墨辊内侧的传动齿轮（位于递墨辊传动侧）。

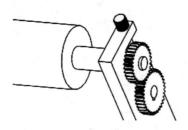

图 6-17 递墨辊内侧的传动齿轮润滑图

（5）如图 6-18 所示的递墨辊外侧（位于印刷 G 侧墙板外侧的下部）。

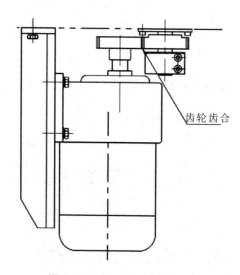

齿轮齿合

图 6-18 递墨辊外侧润滑图

（6）如图 6-19 所示的刮刀升降蜗轮、蜗杆。

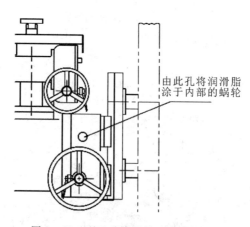

由此孔将润滑脂
涂于内部的蜗轮

图 6-19 刮刀升降蜗轮、蜗杆润滑图

2. 定期使用油枪加入润滑脂

每月润滑一次，建议使用油脂为 GB/T7324—1994　2♯锂基润滑脂，需要润滑的部位包括：

（1）如图 6-20 所示的刮刀角度调整部。

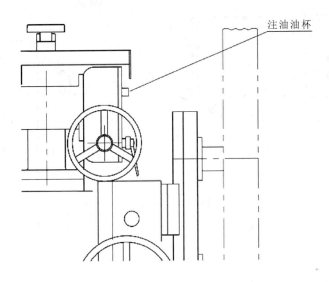

图 6-20　刮刀角度调整部润滑图

（2）升降部直线导轨。由直线导轨滑块上的油杯注油。

（3）收料直线裁刀的升降导轨。由直线导轨滑块上的油杯注油。

（4）压印摆臂处。由压印摆臂旋转轴中心的油杯注油。

（5）印刷齿箱部。由印刷齿箱部中部的油杯注油。

3. 导向辊润滑

如图 6-21 所示，对导向辊每月润滑一次，每处滴入微量润滑油，加油完成后注意清洁，建议使用润滑油为 N46 GB/T3141—1982（原 30 号润滑油）。

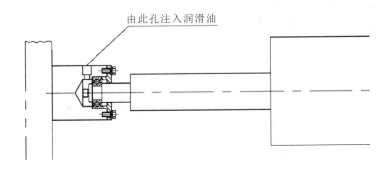

图 6-21　导向辊润滑图

4. 印刷单元齿箱和横向调版润滑

如图 6-22 所示，对印刷单元齿箱和横向调版进行润滑，每六个月需进行润滑油更换，建议使用润滑油为 N46 GB/T3141—1982（原 30 号润滑油）。

拆下放油口的螺塞，将内部润滑油放出（见图 6-22(a)），由注油口加入润滑油至油标位置（见图 6-22(b)）。

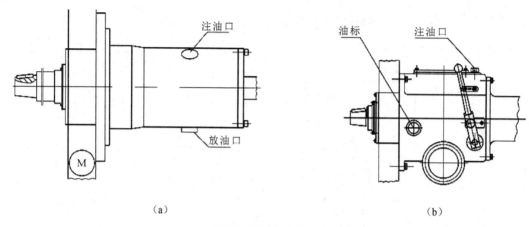

（a） （b）

图 6-22 印刷单元齿箱和横向调版润滑图

6.7.4 检查

对包装印刷设备的检查要求如下：

（1）检查电机电流（每天）；

（2）检查同步齿形带的使用情况，主要是检查带的张紧程度是否合适以及带的磨损情况（每周）；

（3）检查齿轮箱、横向调版、润滑油油量（每周）；

（4）检查导向辊的灵活程度、横向间隙（每月）；

（5）检查和排空空气过滤器（每月）；

（6）检查冷却水进水和排水情况（每月）；

（7）检查各个部分是否异常发热和震动（随时）；

（8）检查急停开关是否作用正常（每三个月）；

（9）检查接地是否完好（每三个月）。

第7章 齿轮磨削设备

7.1 齿轮磨削机床概述

齿轮制造技术可以追溯到 19 世纪末。1897 年 R. H. Pfanter 发明了第一台具有近代滚齿机雏形的齿轮加工机床，1906 年第一台带差动机构的滚齿机产品问世，它既能加工圆柱正齿轮，也能加工圆柱斜齿轮。作为齿轮精加工技术的磨齿工艺，最早用于磨削插齿刀，首先出现的是大平面砂轮磨齿机。20 世纪初随着汽车工业的发展，齿轮制造工艺也迅速发展，德国和美国先后研制出锥形砂轮磨齿机和成形砂轮磨齿机。而对齿轮精加工技术最具有促进意义的是 1914 年 Maag 发明的碟形双砂轮磨齿机，它首次使用了砂轮磨损自动补偿技术，从而使制造精密齿轮成为可能，显著提高了齿轮的磨削精度，但这种磨齿机效率很低，直到 20 世纪 30 年代后期，瑞士研制出蜗杆砂轮磨齿机，磨齿工艺才成为一种较高效率的齿轮精加工工艺。1974 年出现了带有"电子齿轮箱"的 NC 滚齿机，此后 NC 齿轮加工机床迅速发展起来。

齿轮的制造水平可以反映一个时代机械制造的总体水平，作为机器基础件的齿轮一直在向着高速、高性能、低噪声、高可靠性等方向发展。

为适应发展的要求，几乎所有的高速齿轮都采用高精度硬齿面对齿廓和齿向修形。齿面淬硬后要消除热处理变形，并进一步提高齿轮精度和改善齿面粗糙度，目前仍以磨齿工艺为主。

磨齿机是实现高速、高性能齿轮制造的最主要的手段和工艺方法，其主要特点是可以纠正齿轮的各种误差，最终获得高的加工精度。近年来随着磨齿技术的迅速发展和广泛应用（包括磨削各种修形齿轮），数控磨齿机采用了各种先进的技术，磨齿工艺更精密、更高效和更多样，智能化的数控磨齿机早已今非昔比。

根据齿面渐开线形成的原理不同，磨齿机可以分为成形磨齿机和展成磨齿机两大类。

7.1.1 成形磨齿法的基本原理

成形磨齿法是指由金刚石笔或金刚石滚轮将砂轮轴截面修整为与齿轮、齿槽相适应的截面，依靠成形法磨削渐开线齿轮的方法。成形法的磨削过程是线接触，这是成形磨齿法显著的特点。在成形法磨齿过程中，砂轮与齿槽两侧的齿面可实现全齿高的啮合，磨削效率高。

成形磨齿机采用单齿分度，磨削轴向走刀实现全齿宽的磨削，机床的主运动有砂轮的转动和工件的轴向进给以及分度运动。图 7-1 为数控成形砂轮磨齿机的外观图。

图 7-1 数控成形砂轮磨齿机的外观图

7.1.2 展成磨齿法的基本原理

使用展成磨齿法的机床类型主要有蝶形砂轮磨齿机、锥形砂轮磨齿机、大平面砂轮磨齿机和蜗杆砂轮磨齿机。随着技术进步,目前主要使用的是蜗杆砂轮磨齿机。

蜗杆砂轮磨齿机依据连续分度展成磨齿原理,采用渐开线蜗杆砂轮与圆柱渐开线齿面共轭啮合进行磨削,基本原理类似于用滚刀切削齿轮,渐开线齿形的精度依赖于机床展成运动的精度。展成磨齿机的主要运动有砂轮的旋转、展成运动、分度运动和轴向进给。机床磨削精度高,效率高。图 7-2 为数控蜗杆砂轮磨齿机的外观图。

图 7-2 数控蜗杆砂轮磨齿机的外观图

7.1.3 成形磨齿机和展成磨齿机各自的特点

1. 成形磨齿机的主要特点

(1)加工规格大。目前,成形磨齿机的最大规格达到 $\phi 8000$ mm,其中,蜗杆砂轮磨齿机的最大加工规格为 $\phi 1500$ mm。

(2)加工种类广泛。成形磨齿机可以磨削圆柱渐开线齿轮、摆线齿轮、蜗杆、花键等零件。

（3）操作和调整容易。成形砂轮磨齿机开发了人机操作界面，操作者按照人机界面的要求操作，简单快捷。操作界面里包含智能磨削软件、在机测量等功能，方便对机床工件进行高效、高精度磨削及精度调整。

（4）加工效率及磨削精度高。成形磨齿机适合于单件、小批量以及大批量生产，加工效率高，磨削精度高，稳定性好，机床磨削的齿轮精度达到 GB/T10095—2008 标准 3 级。

2. 蜗杆砂轮磨齿机的主要特点

（1）磨削效率高。随着磨削工件转速的不断提高，蜗杆砂轮磨齿机可以采用更多的磨头数量，使得磨削效率得到大幅提高，特别适合大批量磨削。

（2）磨削精度高。蜗杆砂轮磨机采用连续位移磨削技术，使得磨削精度得到了很大提高，机床磨削的齿轮精度达到 GB/T10095—2008 标准 3 级。

（3）自动化程度高。机床自动对刀技术、AE 技术、自动上/下料技术的应用使机床的使用实现了全自动无人化操作。

（4）机床操作和调整容易。蜗杆砂轮磨齿机开发的人机操作界面和智能磨削软件使机床的使用和调整更加简单、快捷。

7.2　齿轮磨削机床的发展趋势

1. 全数控化

为了提高磨齿效率，高效数控磨齿机除了采用高速加工（砂轮主轴和工件主轴高转速）的方法外，还设法缩短机床调整、工件装夹（上/下料）、砂轮自动对刀、砂轮修整、磨头更换等辅助时间，磨齿机的数控坐标轴数越来越多。例如，德国 Oerlikon - Maag 公司的磨齿机的 CNC 系统可控制 11 根轴，瑞士 Reishauer 公司的 RZ150 的 CNC 系统可控制 13 根轴，美国 Gleason 公司的 245TWG 数控蜗杆砂轮磨齿机的数控坐标轴更是多达 14 根，我国秦川机床的 YKS7220 数控蜗杆砂轮磨齿机的数控轴达 13 根。

2. 高精度化

随着 CNC 水平的快速提高及电子齿轮箱、滚动导轨、静压导轨、高速陶瓷轴承、高速电主轴、直线电机、力矩电机的飞速发展，磨齿机的工作精度已可达 GB/T10095—2008 标准 3 级。

3. 高速及高效化

美国 Gleason - Pfauter 集团的 P60 滚-磨齿复合机床的刀具主轴转速高达 12 000 r/min，工作台转速达到了 3000 r/min。瑞士 Reishauer 公司的 RZ400 蜗杆砂轮磨齿机加工模数 $M=4$ mm、齿数 $Z=27$、齿宽 $B=50$ mm 的直齿轮，磨削时间仅为 0.82 min，精度达 DIN 3962 标准 2 级。我国秦川机床的 YKS7220 数控蜗杆砂轮磨齿机磨削模数 $M=2.25$ mm、齿数 $Z=13$、齿宽 $B=36$ mm 的直齿轮，磨削时间仅为 0.5 min。

4. 功能复合化

瑞士 Reishauer 公司的 RZF 磨-珩复合磨齿机、德国 Kapp 公司的 KX300 磨齿中心、意大利 Samputensili 公司的 S400GT 以及德国 Liebherr 公司的 LCS280 蜗杆-成形磨齿机可先用 CBN 蜗杆大砂轮进行粗磨，再用 CBN 成形小砂轮精磨齿轮。另外，机床还配备有自动对刀、工件自动上/下料以及料仓等机构。

我国秦川机床的 YK7280 成形蜗杆砂轮复合磨齿机既可以采用蜗杆砂轮磨削功能，也可以采用成形磨削功能，提高了机床的磨削效率。

5. 智能化、网络化

21 世纪的数控磨齿机将是具有一定智能化的机床，智能化的内容体现在数控磨齿机的各个方面，主要如下：

（1）加工效率和加工质量方面的智能化，如加工过程的自适应控制、工艺参数的自动生成；

（2）能自动识别负载及负载的转动惯量，并自动对控制系统的参数进行优化和调整，使驱动系统获得最佳运行；

（3）智能故障自诊断与自修复技术可根据已有的故障信息，应用现代智能方法实现故障的快速、正确定位；

（4）能够完整记录系统的各种信息，对数控机床发生的各种错误和事故进行回放和仿真，用以确定错误引起的原因，找出解决问题的办法，积累生产经验。

7.3 齿轮磨削机床的技术指标

7.3.1 成形砂轮磨齿机系列

如图 7-3 所示为成形砂轮磨齿机示意图。

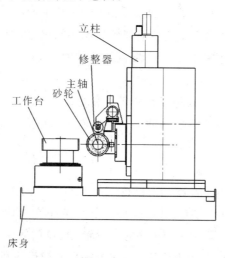

图 7-3 成形砂轮磨齿机示意图

成形砂轮磨齿机参数如表 7-1 所示。

表 7-1　成形砂轮磨齿机参数

机床型号	YK 7332	YK 7340	YK 7363	YK 7380	YK 73100	YK 73125	YK 73160	YK 73200	YK 73250	YK 73300
最大工件顶圆直径/mm	320	400	630	800	1000	1250	1600	2000	2500	3000
最小工件根圆直径/mm	30	30	65	100	300	300	300	300	300	300
法向模数/mm	1～8	1～14	1～16	2～20		2～25		3～25		
工件齿数	不限									
最大齿宽/mm	400			400	550		710	800	1000	1200	1400
工件压力角/(°)	14.5～25									
最大螺旋角/(°)	±45			±35						
最大承载重量/kg	80		400	1000	2000	7000	10 000	20 000	20 000	30 000

7.3.2　蜗杆砂轮磨齿机系列

如图 7-4 所示为蜗杆砂轮磨齿机示意图。

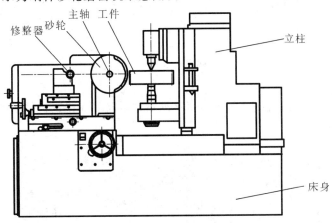

图 7-4　蜗杆砂轮磨齿机示意图

蜗杆砂轮磨齿机参数如表 7-2 所示。

表 7-2　蜗杆砂轮磨齿机参数表

机床型号	YK7220	YK7232	YK7240	YK7250	YK7263	YK7280	YK72100	YK72150
最大工件顶圆直径/mm	200	320	400	500	630	800	1000	1500
最小工件根圆直径/mm	10		20	100	40	80	100	125
法向模数/mm	0.5～4	0.5～5	0.5～8	2～8	2～10	2～12	2～16	
工件齿数	12～250		12～256		16～250	不限		
最大齿宽/mm	80	160	190	200	220	280	430	600
工件压力角/(°)	14.5～30							
最大螺旋角/(°)	±45			±30				
最大承载重量/kg	20	60	200	200	240	600	1000	1500

7.4 磨齿机的典型功能部件

齿轮机床经过数控化后，去除了复杂的机械传动系统，使机床结构更加简洁，机床的设计制造逐渐向模块化发展。如图7-5所示，典型的机床零部件分为床身、立柱、工作台、磨削主轴、修整装置、工件立柱、自动上/下料装置等。

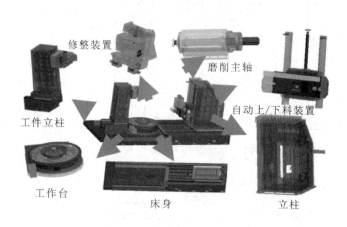

图7-5 磨齿机的典型功能部件图

1. 床身

如图7-6所示，磨齿机的床身承载机床所有的功能部件，其机械刚度、热刚度对磨齿机的整机性能尤为关键。

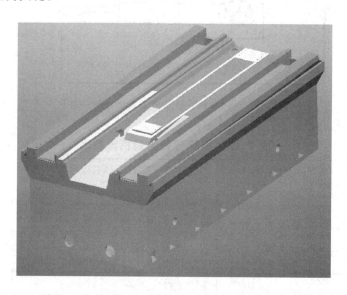

图7-6 床身示意图

2. 立柱

如图7-7所示，磨齿机的立柱承载磨具主轴的移动，是磨齿机的关键功能部件。

图 7-7　磨齿机立柱示意图

3. 数控回转工作台

数控回转工作台主要用于承载工件并带动工件参与磨削运动，要求具有高的径向及轴向刚度，同时要求运动灵活，响应迅速。早期的磨齿机采用齿轮或蜗轮、蜗杆传动，驱动转台旋转，随着数控技术的发展和力矩电机技术的成熟，新一代数控磨齿机普遍采用力矩电机直接驱动技术。如图 7-8 所示，采用力矩电机驱动工作台与传统的蜗轮副传动相比，结构紧凑，无反向间隙，无磨损，响应速度加快，因而分度定位精度高，对提高成形磨齿机的精度十分有利。

图 7-8　力矩电机直驱转台示意图

4. 磨削主轴

磨削主轴是磨齿机的关键功能部件。磨削主轴带动砂轮高速旋转来磨削齿轮，磨齿机主轴所受的磨削负载大，要求高刚度设计。而且主轴精度要求高，尤其是在精密加工中由于热刚度不足引起的误差较大，所以要求主轴热稳定性高。如图 7-9 所示，目前数控磨齿机普遍采用内装式电主轴直接驱动。

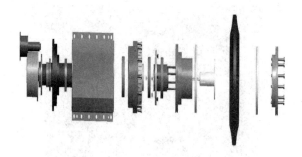

图 7 - 9   大功率磨削电主轴示意图

5. 砂轮修整装置

齿轮磨床利用砂轮对工件进行精密磨削，砂轮廓形及表面质量对齿轮的加工精度至关重要。为保证砂轮的修整精度，提高齿轮的磨削精度，国内、外磨齿机制造商对磨齿机的砂轮修整技术进行了深入研究，开发了不同的砂轮修整装置，如图 7 - 10 所示为成形磨齿机的砂轮修整装置。

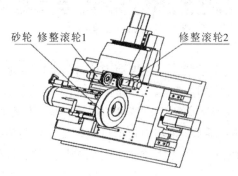

图 7 - 10   成形磨齿机的砂轮修整装置

蜗杆砂轮磨齿机利用展成法原理，将砂轮修整成渐开线蜗杆状，如图 7 - 11 所示，其法向基节等于所磨齿轮的法向基节。砂轮修整原理类似车削蜗杆，利用高速旋转的金刚滚轮作为刀具，加工出蜗杆的精确廓形。

图 7 - 11   蜗杆砂轮磨齿机的修整装置

6. 在线测量装置

为了提高机床的加工效率，减少辅助时间，数控齿轮磨齿机集成了在线测量功能，如图 7 - 12 所示，利用机床伺服轴作为测量轴，齿轮磨削完毕后即可进行精度检测，以提高机床的加工精度和效率。

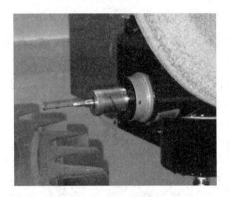

图 7 - 12　机床在线测量装置

7. 冷却过滤装置

齿轮磨削过程中会产生大量的磨削热，为了避免齿面烧伤，采用高压大流量冷却技术。如图 7 - 13 所示，冷却液进入磨削区，起到冷却、润滑作用，及时带走磨削热。为了实现冷却液的循环利用，齿轮磨床配置了冷却过滤装置，对回流的冷却液进行集中处理。

图 7 - 13　高压大流量冷却

8. 静电吸雾装置

磨削液在碰撞力及磨削热作用下雾化，磨削区域充满油雾会影响加工视线，同时也对环境造成污染，所以需要对机床内部的油雾进行及时处理，如图 7 - 14 所示。目前主要采用静电吸雾装置(见图 7 - 14(a))，可及时、有效地处理机床内部的油雾。静电吸雾原理见图7 - 14(b)，其利用风机产生的吸力将油雾从机床内部抽出，经过第一道过滤板时，较大的颗粒被分离出来，从而降低了油雾浓度，然后经过电极带，电极使微粒带电，当带电微粒进入收集极时就会被吸附收集。

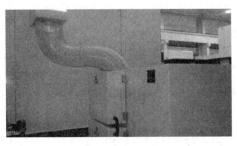

(a) 示意图

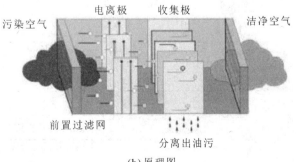

(b) 原理图

图 7 - 14　静电吸雾装置

9. 工件自动上/下料装置

随着制造业的转型、升级，机床逐渐向数控化、智能化方向快速发展，齿轮磨床等高端机床直接面向汽车、军工、航空、航天等行业。为了满足用户高效的生产需求，新一代的齿轮磨床普遍将自动上/下料装置作为一个功能部件，供用户选配。如图 7-15 所示，自动上/下料装置包括料库、机械手等部件，它们和机床组配后，可以实现机床自动加工，减少了人力，提高了加工效率，尤其适用于批量化生产。

图 7-15 机床自动上/下料装置

7.5 典型磨齿机的磨削工艺

表 7-3 为成形砂轮磨齿机 YK7380 的直齿试磨规范，表 7-4 为成形砂轮磨齿机 YK7380 的斜齿试磨规范，表 7-5 为蜗杆砂轮磨齿机 YK7220 的试磨规范。

表 7-3 成形砂轮磨齿机 YK7380 的直齿试磨规范

齿轮参数　□试磨齿轮　□用户齿轮(附图)				
齿轮件号	YK7380-87-302		变位系数	Xn	
法向模数	Mn	16	目标公法线		
齿数	z	24	实际公法线		
齿形角	α	20°	磨削总时间		
螺旋角	β	0°	齿轮材料	20CrMnTiH	
齿宽	B	175	齿面硬度	HRC56~62	
砂轮参数					
牌　号	PSX₁400×50 ×160SA80J9V50				
生产厂家	南昌精益				

续表

磨 削 工 艺					
	总进刀量/mm	冲程次数	冲程速度/(mm/min)	砂轮线速度/(m/s)	速比
粗磨	0.64	4	4000	45	0.6
半精磨	0.03	1	3500	40	0.7
精磨	0.01	1	2000	40	0.7

粗磨进刀量/mm				半精磨进刀量/mm			
第 1 冲程下	0.08	第 1 冲程上	0.08	第 1 冲程下	0.03	第 1 冲程上	−0.5
第 2 冲程下	0.08	第 2 冲程上	0.08				
第 3 冲程下	0.08	第 3 冲程上	0.08				
第 4 冲程下	0.08	第 4 冲程上	0.08				
				精磨进刀量/mm			
				第 1 冲程下	0.01	第 1 冲程上	−0.5

表 7-4 成形砂轮磨齿机 YK7380 的斜齿试磨规范

齿轮参数 □试磨齿轮 □用户齿轮(附图)					
齿轮件号	YK7380−87−301		变位系数	Xn	
法向模数	Mn	8	目标公法线		
齿数	z	55	实际公法线		
齿形角	α	20°	磨削总时间		
螺旋角	β	30°	齿轮材料	20CrMnTiH	
齿宽	B	110	齿面硬度	HRC56~62	
砂 轮 参 数					
牌 号	PSX$_1$400×25(50)×160SA80J9V50				
生产厂家	南昌精益				

磨 削 工 艺					
	总进刀量/mm	冲程次数	冲程速度/(mm/min)	砂轮线速度/(m/s)	速比
粗磨	0.80	4	4000	45	0.6
半精磨	0.03	1	3500	40	0.7
精磨	0.01	1	2000	40	0.7

粗磨进刀量/mm				半精磨进刀量/mm			
第 1 冲程下	0.1	第 1 冲程上	0.1	第 1 冲程下	0.03	第 1 冲程上	−0.5
第 2 冲程下	0.1	第 2 冲程上	0.1				
第 3 冲程下	0.1	第 3 冲程上	0.1				
第 4 冲程下	0.1	第 4 冲程上	0.1				
				精磨进刀量/mm			
				第 1 冲程下	0.01	第 1 冲程上	−0.5

表 7－5　蜗杆砂轮磨齿机 YK7220 的试磨规范

齿 轮 参 数					
试磨齿轮 YKS7225－87－300			变位系数		Xn
法向模数	Mn	2.25	公法线均长		Wk
齿数	z	58	跨齿数	K	7
齿形角	α	20°	公法线磨削余量		
螺旋角	β	20°	齿轮材料		20CrMnTiH
齿宽	B	35	齿面硬度		S0.9－C58
砂 轮 参 数					
牌　号	92A80H7GV111		砂轮头数		$G=3$
生产厂家	进口泰利莱				
磨 削 工 艺					

工步	工件架速度/(mm/r)	循环次数	进刀量/mm	夹紧状态	连续位移/(mm/10mm)	固定位移/mm
1	1.0	1	0.12	全夹紧	0.2	0
2	0.8	1	0.08	全夹紧	0.2	5.0
3	0.3	2	0.06	全夹紧	0	

砂轮转速/(r/min)	4000	磨削时间		工件架行程/mm	直齿≤37
走刀速度倍率	100%		总进给量/mm		≥0.25

注：在精度好的情况下可不精磨，对半精磨、精磨进刀量及走刀速度不作规定。

7.6　齿轮精加工专用数控系统

7.6.1　数控系统概述

　　齿轮磨床数控系统大多数使用专用数控系统或者经过二次开发的通用系统，这些专用系统将齿轮磨床的特殊联动算法、成形砂轮修正软/硬件、精度测量软/硬件、误差补偿软件、专业操作界面、用户工艺专家系统与数控系统集成在一起，使得齿轮磨床的磨削精度和效率大大提高，典型的代表是瑞士 Reishauer 公司的 RZ400 蜗杆砂轮磨齿机、德国 Kapp-Niles 公司的 ZP 系列成形砂轮磨齿机、美国 Gleason 公司的磨齿机等。

　　国内齿轮磨床制造企业秦川发展于 1991 年开始自主研发用于蜗杆砂轮磨齿机的专用数控系统，并成功用于 YK7232 蜗杆砂轮磨齿机，但与国外同类数控系统相比仍有差距。

　　如图 7－16 所示为秦川 QCNC6850 数控系统，是西安秦川数控系统工程有限公司在跟踪、消化国外数控系统的技术平台上开发的最新一代数控系统。其采用先进的数字信号处理技术(DSP)，且配备摩托罗拉公司最新生产的 CPU，再加上秦川数控公司多年来在数控系统及伺服驱动领域的经验，从而成为开放、高效、可靠且最具市场竞争力的新一代数控系统。

图 7 - 16　QCNC6850 数控系统的外观图

QCNC6850 数控系统的主要技术参数包括：最多可有 32 个轴、8 个轴组、9 轴插补、2048 个 PLC 的 I/O 点。

主要技术性能指标如下：

位置环采样周期为 200 μs；

速度环采样周期为 100 μs；

电流环采样周期为 50 μs；

速度环带宽为 260 Hz。

QCNC6850 数控系统的主要技术特点如下。

1. 最大限度地满足用户需求

（1）提供多种配置的通用型 CNC 系统，机床制造商（OEM）只需要为机床及应用选择最佳的平台和处理器，加上相关的软件选项，即可得到最优配置的数控系统。软件功能是由软件包（包括车削、铣削、磨削、齿轮磨削、木材加工、石材加工等）的方式得到的。

（2）QDLU 伺服驱动器是为高性能的应用场合（如高速加工）和苛刻的工作环境而特殊设计的，它可以用在多种电机（如旋转电机、直线电机、力矩电机等）上，并支持多种类型的反馈。

（3）QCNC6850 数控系统的 PC 面板可以根据需要形成几种不同的组合。显示单元的选择独立于 CPU，可以根据用户需要选择紧凑型、标准型或复杂型。每个 OEM 都可以使用或修改在 HTML 上开发的秦川数控标准操作界面和使用配置。

（4）可定制由人机对话操作界面标准工具（HTML、Java、VB、Delphi、VC 或 C＋＋）开发的复杂界面。PC 面板可以集成用户的应用程序（专用的机床应用程序、CAD/CAM 等）和 OEM 的应用程序（维修帮助工具、机床管理工具等），并直接运行秦川数控在 WIN-DOWS 下的软件开发工具。

（5）可定制系统的加工程序，包括：

① C 语言的动态操作。应用 C 语言这个强大的功能，使用简单的操作可以实时影响轴的位置以及 I/O 的状态，特殊的加工以及特殊的循环和宏程序也可以通过这种方式集成在 CNC 系统的核心；

② 用户化的 G 指令。可用 G 指令修改已经存在的固定循环或因其他需求而增加新的固定循环；

③ 结构编程。结构编程和字符变量是强大的高级编程工具，可使复杂的程序变得条理清晰，容易读懂。

（6）网络连接和远程诊断。秦川数控 QCNC6850 可以连接到市场上的主要网络，如以太网 Ethernet TCP/IP、FIPWAY 等，且配备网络连接和远程诊断功能，可以为异地机床进行诊断和维修，这使系统很容易集成到全球自动化加工中。

2. 可进行高性能的开发设计

秦川数控 QCNC6850 强大的功能提高了工作效率，保证了在工作进度下的最佳特性、精密工件的几何精度及表面光洁度。高性能的开发设计包括如下内容。

（1）智能的 CNC 算法。主要有：

① 高精度的轮廓。速度和加速度的预先算法确保了零误差的路径跟随。

② 换象限速度误差补偿。在进入一个新象限时，由于轴方向的改变而进行速度补偿来减少跟随误差。

③ 渐增式加速度控制。逐渐增加的加速度（SIN2 定律）使移动更加平滑。

④ 样条和多项式插补。样条和多项式插补在空间提供了一个没有折点的、平滑的曲线路径，并由曲线半径的精度保证了较好的、平滑的速度。

⑤ 预处理功能。加工速度能根据所分析的零件程序提前进行调节，以适应在加工路径上可能遇到的困难，如在方向上的巨变、特别小的半径等。

（2）快速、刚性、准确的高性能秦川数控 QDLU 伺服控制。其性能包括：

① 快速定位。伺服极短的响应时间及很宽的带宽使伺服轴和主轴能够实现快速定位。

② 高级振动消除系统。高级振动消除可以对由于机床刚性的不足带来的缺陷进行补偿，可以充分增加反馈环的增益，即使在临界轴的状态下也不会造成系统的不稳定，而且产生非常快速的响应。

③ Tandem 功能。该功能包括 3 个数学算法，即扭矩复制、同步和反向间隙补偿，对于内藏式的电机非常有用。反向间隙补偿比机械的预加载装置更有效，更能经济地改善机床的刚性。

④ 可松夹的轴。这些轴和测量系统可以间隙性地用来在线放松轴，在更换刀具头时有时需要此功能。

⑤ 轴切换。轴可以被不同的电机连续驱动，此功能可以在线自动切换，CNC 系统可自动装入所需的驱动参数。

⑥ 准确测量。双向测量系统可以消除不稳定因素，提供更高的精度。电机可以预装高分辨率的编码器、单圈或多圈绝对式的编码器或旋转变压器。使用附加的测量编码器输出，由驱动直接处理，确保优化精度。

3. 操作界面友好

（1）每个面板的设计都符合人体功能学。PC 面板、机床面板、操作面板的设计均符合人体功能学，IP65 的防护等级使其更安全。

（2）友好而快捷的零件编程。编程内容包括：

① 辅助编程工具。人机对话编程以其直观、简单的方式可以大大缩短编程时间。

② 辅助图形轮廓设计。具有自动加工表面状态计算的 ISO 或对话式编程，可进行图形缩放和刀具路径模拟。

③ 固定循环。由 ISO 或对话式编程提供,使机床的操作编程更加方便、灵活。

④ 铣削循环。钻孔、铰孔、攻丝、镗孔、螺纹切削循环,腔体及表面循环。

⑤ 车削循环。粗加工,轮廓加工,螺纹车削,钻孔、攻丝、键槽及多边形循环,测量循环和数据化循环等。

4. 操作安全性高

秦川数控 QCNC6850 的每一处设计都是为了减少连接、设定及维护的花费,同时加入了新的功能用来提高操作的安全性。

(1) 更短的调试时间和更容易的维护。

CNC 和伺服系统可由运行在 Windows 下的秦川数控软件通过 PC 面板进行设定,下列功能可以很容易地用图标的方式设定:

① 伺服电机及编码器参数的自动卸载;

② 由内置式示波器进行时间和频率的最佳设定;

③ 物理量的设定和动态监视,如电流、速度、位置等;

④ 用来简化机床监控的报警记录(可存储最后的 128 条报警);

⑤ 在线伺服参数的修改。

(2) 更紧凑的电柜和更简化的机械设计。

全数字化数控系统及伺服驱动简化了连线,减少了插头数量,提高了整个系统的可靠性。而且数控系统的 CNC 单元和 QDLU 伺服驱动的尺寸更加紧凑,这使它们更容易安装在电气柜中。

(3) 使用高分辨率的编码器增加了下列优势:

① 取消了回零调整;

② 绝对测量时取消了限位开关;

③ 正弦曲线型的测量元件可直接连接到数控系统上,不需要转换元件。

(4) 操作安全性的提高。QCNC6850 数控系统在操作者和机床的安全性上增加了下列功能:

① 通过集成在每个伺服里的保护继电器切断电源,使电机处于惯性状态;

② 电机和伺服的温度监控;

③ 可由 OEM 设定系统暂停的错误状态;

④ 掉电时自动刀具返回;

⑤ 对不平衡轴的负载予以补偿;

⑥ 对电机编码器和附加编码器的测量进行一致性检查。

5. 具备高动态性能和高精度的秦川数控 QDLU 伺服驱动及电机

矢量控制和高分辨率的位置测量保证了伺服电机低速时的高质量旋转,同时也保证了极佳的位置精度。秦川数控 QDLU 的高性能伺服是多采样的系统,集成了高级反馈运算法则,该伺服的一般特性、功能以及内置的滤波器使它们成为高速、高精度加工和高端应用的理想选择。

秦川数控 QDLU 伺服系统是为控制伺服轴和主轴电机而设计的,也可用于控制直线电机和高速电主轴。它的特性是:速度和位置反馈系统集成、全数字控制(高速数字总线)、可直接连接到三相 400 V 电网。

秦川数控提供全系列的伺服电机，其重量轻，功率大，动态范围宽。伺服电机的范围为 0.4~160 N·m，伺服主轴的范围为 1.8~100 kW，同时提供高性能的力矩电机（最大扭矩可达 13 800 N·m）、直线电机（最大推力可达 21 500 N）和高速内装电主轴，完全满足各种类型的机床应用。

QCNC6850 数控系统的主要应用为车床、铣床、高速加工、外圆磨床、平面磨床、齿轮机床、冲床、木工、石材/玻璃加工、专机等各种类型的机床。

QCNC6850 数控系统可用于 5 轴加工、高速高精度的齿轮加工、磨削加工，还可用于重型机床和复杂机床等，具有强大的技术性能和低廉的价格优势。

6. 具备 5 轴联动功能，最大可达 9 轴联动

具体包括以下功能：

① RTCP 功能（Rotation Around Tool Center Point）；

② N/M Auto 功能；

③ 三维刀具补偿功能；

④ 倾斜平面加工；

⑤ 3D 光滑曲线的样条插补；

⑥ Ball - Bar 功能；

⑦ 精度轮廓的高速加工；

⑧ 3D 图形显示。

7.6.2　齿轮加工循环的主要功能

齿轮加工循环的各功能描述如下：

(1) G80：同步功能的取消。

G80 R0：所有同步功能取消；

G80 R81：取消 C 轴和 Z 轴的同步；

G80 R85：取消 C 轴和 Y 轴的同步。

(2) G81：C 轴、Z 轴和主轴同步。

代码格式为：G81 D _ _ K+/- _ _ [P _ _] [Q _ _] [R _ _]。其中：

D _ _：齿轮的齿数；

K+/- _ _：滚刀或砂轮的头数（符号特别表示 C 轴相对于 S 的旋转方向）；

P _ _：齿轮的螺旋角（以°为单位）；

Q _ _：齿轮的实际模数（以 mm 为单位）；

R _ _：所允许的 C 轴的同步误差值（以°为单位）。

(3) G85：C 轴、Y 轴和主轴的同步。

代码格式为：G85 D _ _ K+/- _ _ P _ _ Q _ _ R _ _。其中：

D _ _：齿轮的齿数；

K+/- _ _：滚刀或砂轮的头数（符号特别表示 C 轴相对于 S 的旋转方向）；

P _ _：齿轮的螺旋角（以°为单位）；

Q _ _：齿轮的实际模数（以 mm 为单位）；

R _ _：所允许的 C 轴的同步误差值（以°为单位）。

如图 7-17 所示为 G85 功能示意图。

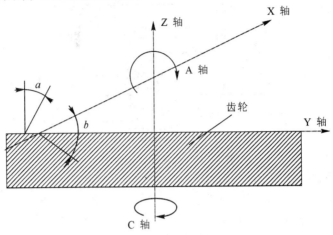

图 7-17　G85 功能示意图

（4）G94：进给速度，以 mm/min 为单位。

（5）G95：进给速度，以 mm/r 为单位。

（6）G87：切削循环过程中的变速加工。

代码格式为：G87［G94/G95］［F__］Z__R__I__。其中：

F__：初始的进给速度；

Z__：Z 轴的终点坐标值（以 mm 为单位）；

R__：速度变化的距离（以 mm 为单位）；

I__：速度变化百分比。

（7）G82：砂轮的修整。

代码格式为：G82 V__P__。其中：

V__：V 轴的终点坐标值；

P__：砂轮的螺旋螺距（以 mm 为单位）；

如图 7-18 所示为 G82 功能示意图。

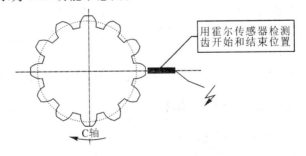

图 7-18　G82 功能示意图

（8）G83：设定 C 轴和砂轮。

代码格式为：G83 P__。其中：

P__：砂轮的螺旋螺距（以 mm 为单位）。

如图 7-19 所示为 G83 功能示意图。

（9）G84：主齿轮的测量。

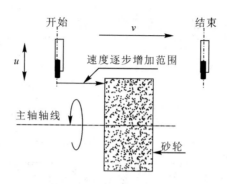

图 7-19　G83 功能示意图

代码格式为：G84 S＿＿［T＿＿］。其中：

S＿＿：所测量齿轮的齿数；

T＿＿：测量所允许的误差（以°为单位）。

如图 7-20 所示为 G84 功能示意图。

（10）G86：从齿轮的测量。

代码格式为：G86 S＿＿［T＿＿］。其中：

S＿＿：所测量齿轮的齿数；

T＿＿：测量所允许的误差（以°为单位）。

如图 7-20 所示为 G86 功能示意图。

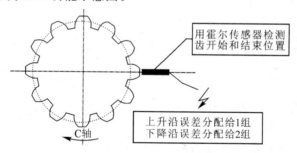

图 7-20　G84 和 G86 功能示意图

QCNC6850 数控系统把 G80～G89 的宏程序源代码都开放给用户，OEM 或最终用户可以根据自己的加工要求，方便地编写自己的 G 代码。通过这些 G 代码，可以实现诸如直齿轮、锥齿轮、螺旋伞齿轮、鼓形齿轮、阶梯齿轮、扇形齿轮、蜗轮蜗杆、异型齿轮等各种类型的齿轮加工，还可以实现铣齿（单分度）和开槽等多种齿轮的加工功能。

7.6.3　齿轮加工方面附加的 CNC 功能

齿轮加工方面附加的 CNC 功能如下：

（1）通过多年的数控齿轮加工应用，QCNC6850 数控系统在齿轮加工方面积累了丰富的经验，因此在齿轮加工和调整方面给用户带来很大的方便性，主要包括：

①齿数、滚刀头、滚刀角度等诸多齿轮加工信息的显示，使用户在任何情况下可以方便地了解到加工齿轮的任何信息。

②加工过程中的手动轴移动。

（2）用户在齿轮加工中，可以根据加工要求实时手动调整各个轴（这对于第一次加工齿轮特别方便），大大缩短了齿轮加工的调整时间，此功能对于齿轮加工特别有用。包括：

① 动态检测主轴和工作台的同步误差，随时了解加工精度。

② CNC 能提示自动对齿过程中的每一步信息（此信息对用户开放）。

③ PLC 可以读取到 C 轴的旋转方向，这样可以防止用户的编写错误。

④ 内置示波器用来检测主轴和 C 轴、主轴和 V 轴的同步误差，用户可以在 CNC 屏幕上看到 C 轴的动态误差曲线。

⑤ 可以进行曲线的缩放，可以任意锁定数值来读取所需要的数值，对于用户检测误差非常方便。

⑥ 每个 E 参数都有相应的含义，可以动态地修改诸如增益、滚齿等功能的参数，对于机床的调试和检测非常方便。

（3）可动态操作。用户可以根据所需要的加工功能来编写自己的动态程序（即每个扫描周期执行一次程序）。比如用户可以编写自己的插补程序以用于诸如非圆齿轮等方面的加工。

（4）提供 NC 和 PLC 的用户交换区。QCNC6850 数控系统由于 PLC 功能的集成化，大大丰富了 PLC 的自动化控制，同时提供了丰富和完善的 PLC 和 CNC 交换区，所以它是所有数控系统中内容最丰富的。

（5）强大的多项式插补。QCNC6850 有着非常强大的多项式插补功能，可以达到 5 阶多项式，可用于编写功能复杂的插补软件。例如秦川机床的 YH2240 螺旋伞齿轮机床就用了此功能。

7.7　齿轮磨削机床的操作界面

数控磨齿机都安装有人机操作界面，用户只需要按照操作界面的流程进行操作，就可以正确、安全地操作机床，磨削出合格的齿轮，下面以秦川机床工具集团股份公司生产的 YKS7225 数控蜗杆砂轮磨齿机操作为例进行讲解。

1. 控制面板的操作界面及说明

如图 7-21 所示为机床软件界面的基础界面。其中：

文件：用于管理工件程序的文件；

数据输入：用于输入工件加工的相关数据；

过程显示：用于显示当前工件的加工状态；

Dittel：用于显示动平衡及 AE 状态的界面。

如图 7-22 所示为在基础界面中选择水平软控键"文件"后显示的界面。其中：

新建：输入一个新工件名称；

复制：复制所选工件的数据至一个新工件的名称；

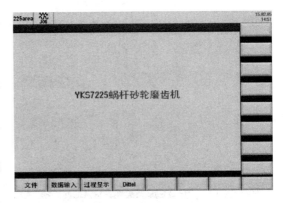

图 7-21　机床软件界面的基础界面

重命名：重命名一个工件名称；

删除：删除一个工件名称；

选择：选择一个工件名称。

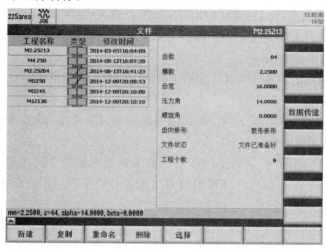

图 7-22 文件界面

如图 7-23 所示为在基础界面中选择水平软控键"数据输入"后显示的界面。其中：

齿轮数据：进入齿轮数据界面，以输入齿轮参数；

砂轮数据：进入砂轮数据界面，以输入砂轮参数；

调整数据：进入磨削调整数据界面，以输入磨削时各轴的调整参数；

修整数据：进入砂轮修整数据界面，以输入砂轮修整参数；

磨削数据：进入磨削数据界面，以输入磨削参数；

自动对刀：进入自动对刀数据界面，以输入自动对刀相关参数。

齿向修形：进入齿向修形数据界面，以输入齿向修形参数。

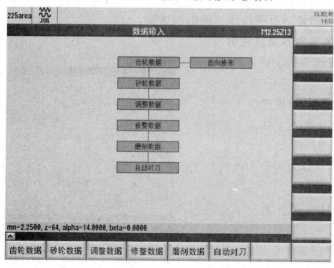

图 7-23 数据输入界面

如图 7-24 所示为在数据输入界面中选择水平软控键"齿轮数据"后显示的界面，以输入齿轮的各项参数以及是否选择余量分配功能。其中：

齿向修形：进入齿向修形界面，以输入齿向修形数据；

输入：在齿轮数据界面中输入相关参数的数据；

保存：将齿轮数据界面中输入的数据保存至数据库中；

按径节输入：以径节和公制模数切换的方式输入齿轮数据界面中的模数；

按度分秒输入：以度、分、秒和度单位切换的方式输入齿轮数据界面中的压力角和螺旋角。

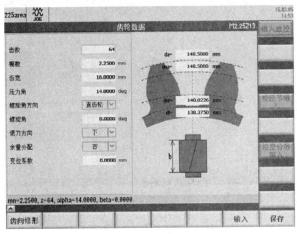

图 7-24　齿轮数据界面

如图 7-25 所示为在齿轮数据界面中选择水平软控键"齿向修形"后显示的界面，可以直观地看到修形的状态。其中：

鼓形修形：进入鼓形修形界面，以输入鼓形修形数据；

锥度修形：进入锥度修形界面，以输入锥度修形数据。

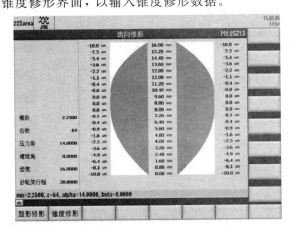

图 7-25　齿向修形界面

如图 7-26 所示为在齿向修形界面中选择水平软控键"鼓形修形"后显示的界面。其中：

输入：在鼓形修形界面中左、右齿面分别可以输入不同的修形数据，以实现左、右齿面的不对称修形；

保存：将鼓形修形界面中输入的数据保存至数据库中。

将光标移至所需输入项输入数据。输入的数据包括：数据修形量 L1、L2、L3、L4 和修形长度 H1、H2、H3、H4。

注：当修型量 L1、L2 输入 0 时，默认齿轮左部不修形；当修型量 L3、L4 输入 0 时，默认齿轮右部不修形。

所有数据输入后，选择水平软控键"保存"，将数据保存至数据库中。

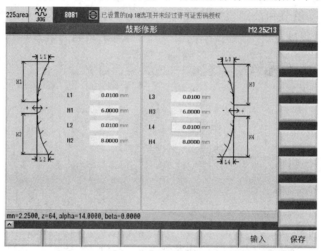

图 7-26　鼓形修形界面

如图 7-27 所示为在齿向修形界面中选择水平软控键"锥度修形"后显示的界面。其中：

输入：在锥度修形界面中左、右齿面分别可以输入不同的修形数据，以实现左、右齿面不对称修形；

保存：将锥度修形界面中输入的数据保存至数据库中。

注：鼓形修形与锥度修形可以叠加实现。

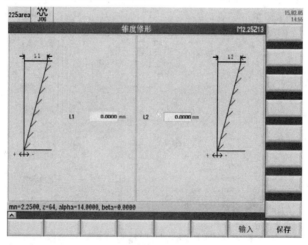

图 7-27　锥度修形界面

如图 7-28 所示为在数据输入界面中选择水平软控键"砂轮数据"后显示的界面，可以输入砂轮的头数、宽度、模数等数据，根据砂轮相关参数自动计算砂轮的螺旋升角。其中：

输入：在砂轮数据界面中输入相关参数的数据；

保存：将砂轮数据界面中输入的数据保存至数据库中；

输入砂轮直径：砂轮数据界面中的砂轮直径可以修改，随砂轮的使用直径进行自动补偿。

所有数据输入后，选择水平软控键"保存"，将数据保存至数据库中。

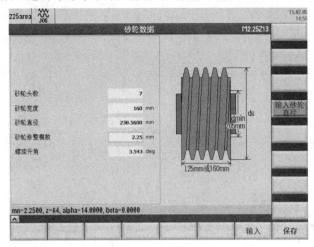

图 7-28　砂轮数据界面

如图 7-29 所示为在数据输入界面中选择水平软控键"调整数据"后显示的界面。其中：

位置：进入位置界面可以设置 Y 轴的磨削位置及起始位置数据；

输入：在磨削调整数据界面中可以输入相关参数的数据；

保存：将磨削调整数据界面中输入的数据保存至数据库中。

将光标移至所需输入项输入数据。所有数据输入后，选择水平软控键"保存"，将数据保存至数据库中。

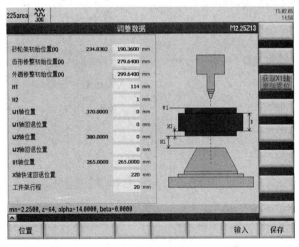

图 7-29　调整数据界面

如图 7-30 所示为在调整数据界面中选择水平软控键"位置"后显示的界面。其中：

输入：在 Y 轴位置界面中可以输入相关参数的数据，包括 Y 磨削极限位置＋、Y 磨削极限位置－，Y 磨削起始位置的对话窗口数值由界面自动计算得出，Y 磨削设置位置＋及 Y 磨削设置位置－的对话窗口数值由手动输入。

保存：将数据保存至数据库中。

如图 7-31 所示为在数据输入界面中水平软控键"修整数据"后显示的界面。其中：

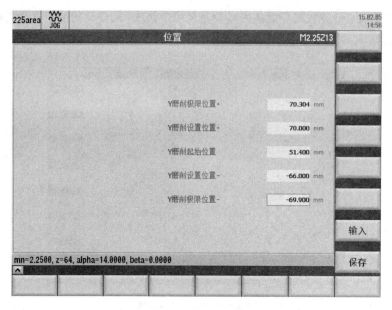

图 7 - 30 位置界面

输入：在砂轮修整数据界面中可以输入相关参数的数据；

保存：将砂轮修整数据界面中输入的数据保存至数据库中。

通过键盘输入数据后，将光标移至所需输入项输入数据。所有数据输入后，选择水平软控键"保存"，将数据保存至数据库中。

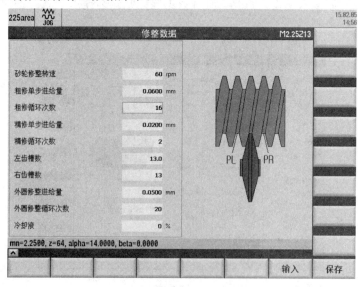

图 7 - 31 修整数据界面

如图 7 - 32 所示为在数据输入界面中选择水平软控键"磨削数据"后显示的界面。其中：

输入：在磨削数据界面中可以输入相关参数的数据；

保存：将磨削数据界面中输入的数据保存至数据库中。

通过键盘输入数据后，选择水平软控键"保存"，将数据保存至数据库中。

如图 7 - 33 所示为自动对刀类型界面。其中：

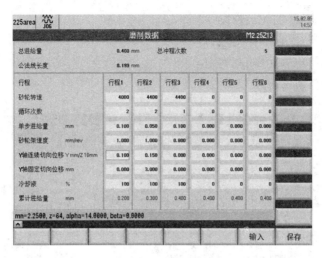

图 7 - 32　磨削数据界面

输入：在自动对刀类型界面中可以输入相关参数的数据，默认为自动对刀速度；通过键盘输入数据后，选择水平软控键"保存"，将数据保存至数据库中。

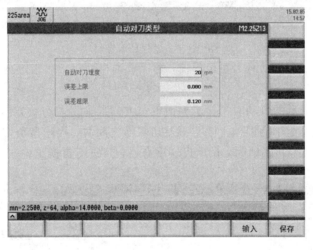

图 7 - 33　自动对刀类型界面

如图 7 - 34 所示为过程显示界面，显示机床各轴的坐标及机床运行情况，界面中水平及垂直的软控键可以执行相关动作。其中：

修整对刀：启动修整对刀程序；

砂轮修整：启动修整对刀程序；

C1 手动磨削：启动 C1 手动磨削程序；

C2 手动磨削：启动 C2 手动磨削程序；

C1 学习：启动 C1 轴学习程序；

C2 学习：启动 C2 轴学习程序；

温机：启动温机程序；

误差补偿：进入误差补偿界面；

自动对刀显示：启动对刀显示程序；

C3 回零位：启动 C3 回零位程序；

C3 回 45°：启动 C3 回 45°程序；

C3 回 90°：启动 C3 回 90°程序；

C3 回 180°：启动 C3 回 180°程序；

A 轴安装角：启动 A 轴安装角程序。

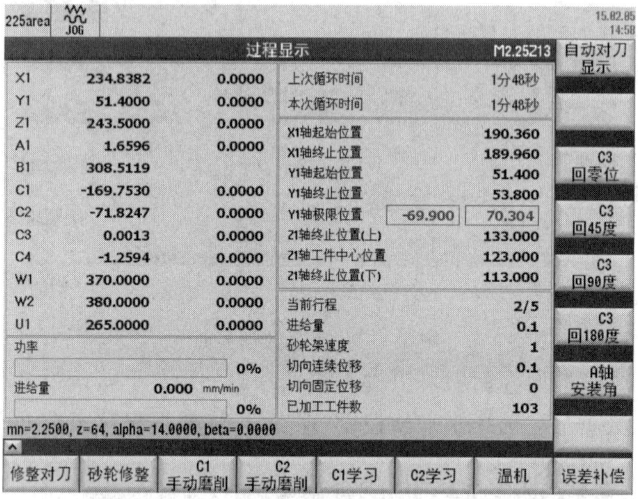

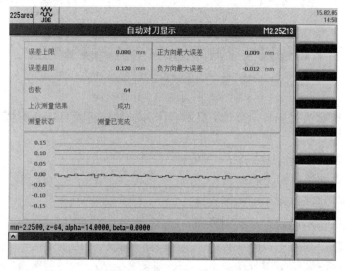

图 7-34 过程显示界面

如图 7-35 所示为自动对刀显示界面，可以看到自动对刀后齿坯的周节偏差以及对刀状态。

当如图 7-35 所示的自动对刀显示界面中正方向最大误差与负方向最大误差的绝对值介于自动对刀类型界面中的误差上限与误差超限值之间时，程序自动增加一个循环以校准齿坯误差。当大于误差超限值时，显示齿坯不合格，需重新更换工件。

图 7-35 自动对刀显示界面

如图 7-36 所示为误差补偿界面，可以对左、右齿面的压力角、螺旋角误差进行补偿，同时对于由机床的几何误差引起的公法线的偏差，以及由于齿坯误差引起的左、右齿面偏差、渐开线长度误差都可以很方便地进行补偿。